까칠한아이
욱하는엄마

까칠한아이
욱하는엄마

곽소현 지음

길위의책

까칠한 십 대, 싸우지 말고 지켜봐주세요

"우리 애가 시크해졌어요. 짜증 내는 건 기본이고,
부모 말도 무시하고 제멋대로라 힘들어요."

요즘 '중2병보다 무서운 초4병'이라는 말이 있다. 사춘기가 빨라지고 있음을 단적으로 표현한 말이다. 조기학습 열풍과 스마트폰 사용의 저연령화, 급속한 발육상태의 영향으로 사춘기가 빨라지는 면도 있다. 사춘기에는 인지능력은 최고조에 이르지만 자신의 욕구 통제나 타인 배려가 잘 안 되어 부모나 주변 사람들과 부딪히는 일이 잦아진다.

아이마다 차이는 있지만 빠르면 초등학교 3, 4학년 정도부터 사춘기를 겪기 때문에 이 시기에 부쩍 예민하고 시크해졌다면 '올 것이 왔구나!' 하고 받아들이면 된다. 부모를 향해 온갖 짜증과 퍼붓는 말 속에는 '나 좀 도와주세요'라는 간절함이 담겨 있다는 것도 알아두어야 당황하지 않고 아이의 변화를 받아들일 수 있다.

2021년 교육청과 질병관리청이 우리나라 800개 중고등학교 학생 6만 명을 대상으로 '청소년 건강행태 온라인 조사'를 하였다. '최근 12개월 동안 2주 내내 일상생활을 중단할 정도로 슬프거나 절망감을 느낀 적이 있었습니까?' 라는 질문에 '있다'로 응답한 학생은 2021년 26.8%로, 2020년에 비해 1.6%p 증가하였다. 특히 중학생의 경우 전년 대비 매우 높은 비율로 증가하였다(여 28.4→30.4%, 남 17.8→21.7%. 통계청, 2022). 그 원인으로, 감정을 스스로 조절하기 힘든 사춘기 아이들이 코로나 여파로 정신건강이 더 취약해졌을 가능성을 생각해볼 수 있다. 특히 중학생들의 정서적인 취약성이 커진 점을 예의주시해야 한다.

스트레스 요인으로 대인관계 고민(21.1%)이 학업/진로 고민(14.0%)을 앞지르고 있다(한국청소년상담복지개발원, 2022). 특히 친구관계의 어려움은 코로나 여파와 관계없이 늘 1순위를 유지해왔으며, 앞으로도 이 문제는 계속되리라 전망된다. 지지와 협력 관계여야 할 또래 관계가 분노 조절의 실패로 인해 학교폭력으로 이어지는 현실이 안타깝다. 특히 따돌림이나 학교폭력은 사춘기의 예민한 감정 상태에서 생긴 문제이므로 성인이 되어서도 트라우마로 남을 수 있다는 점에서 간과해서는 안 된다.

아이와 부모 사이에 신뢰를 바탕으로 정서적 토대가 다져지면 다른 관계들도 좀 더 수월하게 지나간다. 자신의 마음을 살필 줄 알고, 타인의 욕구를 채워줄 수 있게 되기 때문이다. 가장 중요한 것이 부모의 공감력이다. 부모의 공감력이 자책하지 않는 아이를 만든다. 아이 입장이 되어보면 어느 부분을 공감하고 보듬어야 하는지 그 포인트가 보인다. "완벽하려고 애쓰는구나", "화가 났구나"처럼 아이의 속마음을 알아차려야 한다.

하지만 많은 부모가 이 단계에서 어려움을 겪는다. 아이가 예상지 못한 행동을 할 때 부모의 마음에선 불안이 먼저 올라오기 때문이다. 사춘기 부모는 처음 해보는 일이라 힘든 것은 당연하다. 하지만 문제를 일으키는 아이는 구조 요청(SOS)을 하는 것이다. 어떤 아이는 아무 문제를 안 일으키다가 커가면서 더 말썽을 부리기도 하는데, 속으로는 불만이 쌓여도 감정을 좀처럼 내색하지 않다 한꺼번에 터져 부모를 당황시키는 경우다.

사춘기에 겪어야 할 것은 겪어야 아이가 제대로 성장한다. 말썽도 부려보고, 부모에게 반항도 해보고, 화도 내보고, 감정 표출을 해봐야 한다. 부모와 의견을 조율하는 과정에서 세상을 배워나간다. 사춘기 아이들의 정서 상태를 보면 보편적으로 내면에 화, 불안, 외로움, 슬픔 등의 감정이 있는데 이를 외부 환경과 명확히 구분하지 못하고 남 탓을 많이 하는 경향이 있다.

자녀와 빈번히 충돌한다면 부모의 감정 조절을 위한 자존감부터 높여야 한다. 부모의 불안이 아이의 정서를 위축시키고 공부에 집중하는 것을 방해한다. 내 아이의 정서 상태를 잘 인지하고 적절한 기대를 하는 것이 필요하다. 그러니 이제 십 대 자녀와 싸우는 것을 그만두자. 십 대 아이들은 남을 의식하는 '관중효과'가 강하다. '사랑을 받으려면 완벽해야 하며, 실수하면 안 된다'는 비합리적 신념도 강하다. 부모에게 인정받고 싶어 하며, 게으른 자신을 자책한다. 독립적인 존재로 인정받고 싶으면서도 여전히 부모와의 연결감을 필요로 한다.

그래서 '따뜻한 눈빛을 주는 한 사람은 있어야 한다!'

우리 아이들이 살아가는 세상은 빠른 속도로 변화할 것이고, 예측할 수 없는 다양한 변수가 널려 있다. 변화와 위기를 적절하게 해석하고 적응해나가려면 학교에서 배운 지식이나 공부만으로는 한계가 있다. 집중 못 하고 게임만 하는 아이, 무기력한 아이라도 정서적으로 엉켰던 것들이 풀리면 뭔가 시도하고 싶은 마음이 생긴다. 지식의 획일적인 정보와 규칙성을 따라가는 인공지능보다는 끊임없이 변하는 상황에 대처하고 민첩하게 올바른 선택과 결정을 할 수 있는 감정 조절 능력이 우리 아이들에겐 절실히 필요하다. 사춘기를 제대로 겪지 않으면 결국 성인이 되어 뒤늦게 사춘기를 겪기도 한다.

인성이 기반되지 않은 지성은 위험하다. 화가 날 때 평정심을 유지하는 법을 배운 아이, 자신의 부족한 점을 인정하고 도움을 요청할 줄 아는 아이는 어디서나 존중받는다. 그뿐만 아니라 자기 확신과 감정 조절을 통해 위기 상황에서도 겁내지 않고, 스스로에게 동기를 부여하며 미래를 개척해나간다.

그 첫 번째 고비가 사춘기이다. 우리 아이들이 사춘기를 건강하게 보내야 성인이 되는 준비 과정이 순조롭다. 무엇보다 사춘기를 건강하게 보내려면 감정을 잘 다스리는 법을 꼭 배워야 한다. 마음속 감정을 만나고, 관계 속에서 책임지는 아이로 성장하도록 아이의 감정을 보듬어주자. 부모가 할 수 있는 유일한 일은 지켜봐주는 것이며, 부모의 한마디는 아이를 한 발 내딛게 한다.

오늘, 아이에게 이렇게 이야기해주자.
"너의 감정은 소중하고, 너는 너로 충분해!"

Contents

1장

십 대,
까칠한 데는 다 이유가 있다

✦ 아이의 십 대에는
  아이도 부모도 혼란스럽다

"아, 존나 빡쳐!"

엄마가 야단을 치자 다영이가 내뱉은 말이었다. 욕설을 들은 다영이 엄마는 분노가 일어 아이의 머리를 툭 쳤다. 그러자 다영이가 "아, 왜 때려!"라고 더 크게 소리를 지르며 엄마를 밀쳤고, 이성을 잃은 엄마는 "너 당장 나가!"라고 소리쳤다.

다영이는 집에 오면 스마트폰을 끼고 산다. 밤새 친구들과 무슨 얘기를 하는지 웃고 떠드는 걸 이해할 수 없다. 몇 달째 스마트폰 요금이 너무 많이 나와서 정지시켰더니 말도 안된다며 항의했다.

"애들은 다 무제한 쓴단 말야. 나만 그 요금제란 말야. 쪽팔려!"

다영이는 엄마를 흘겨보다 결국 울음을 터트렸고 자기 방으로 들어가 문을 쾅 닫아버렸다.

스마트폰에 기대는 건 외로워서다

다영이는 이 일이 있은 뒤로 며칠 동안 엄마의 눈치를 보며 조용히 지낸다 싶었는데 슬금슬금 다시 스마트폰을 사용하게 해달라고 조르기 시작했다. 다영이처럼 스마트폰에 의존하는 아이들에게 그 이유를 물어보면 "외롭잖아요. 집에 오면 아무도 없고, 친구와 그거라도 안 하면 정말 미처버릴 것 같아요"라고 말한다.

요즘 외로움을 호소하는 아이들이 많다. 외동이 많은 데다 맞벌이 부부도 많아져서 집에 와도 반겨주는 사람이 없기 때문이다. 누나나 형이 있어도 서로 사이가 좋지 않아 함께 있는 것만 못한 경우도 있다. 친구네 집에 놀러가는 일도 드물다. 그 대신 스마트폰으로 게임을 하거나 '단톡방'에서 대화를 하면서 외로움을 푼다. 친구들에게 엄마나 아빠가 모르는 고민을 털어놓고 서로 해결 방법을 찾아주면서 동질감을 느낀다. 그렇게 하다 보니 스마트폰 의존도가 높아지는 것이다.

'요금 한도 초과' 메시지가 올 때마다 부모님에게 혼날까 봐 마음이 콩알만해지지만 스마트폰을 손에서 내려놓지 못한다. 중독은 대체제가 없을 때 생긴다. 스마트폰보다 나를 더 위로해주는 무엇이 있다면 과감히 멀리할 텐데, 사람 대신 기계가 위로를 해주는 현실이 슬프다. "외로웠구나. 아빠가 시간 좀 낼게" 혹은 "어떻게 해주면 마음이 풀릴까?"라고 한마디만 해줘도 마음이 훨씬 훈훈해질 텐데 엄마 아빠들이 그걸 못한다.

아이도 부모도 완벽한 사람은 없다

다영이 엄마가 처음부터 스마트폰 사용을 제지한 것은 아니다.

처음에는 조용히 달랬는데 스마트폰 사용량이 줄어들지 않으니 벌칙을 만들었고, 그래도 약속을 지키지 않으니 훈육을 한 것뿐이었다. 그런데 딸이 욕설을 내뱉고 밀치기까지 하니 기가 막혔다. 다영이 엄마는 "이젠 딸에 대한 정이 뚝뚝 떨어진다"고 말했다.

엄마의 말을 들으니 속 타는 심정이 고스란히 느껴졌다.

"중학생 딸아이 하나 맘대로 안 되니 답답해요. 밤낮가리지 않고 스마트폰을 하면서 뭘 잘했다고 성질을 내고 욕까지 하는지, 화나고 속상해요."

그런데 다영이는 이렇게 말했다.

"엄마가 다른 것은 모르겠는데 화만 나면 미쳐버려요. 아빠와 나는 엄마가 화나면 눈치 보며 피해요. 아빠도 무서워한다니까요."

완벽주의 엄마는 가족들이 이해가 안 간다.

"왜 그럴까요? 나 같으면 절대 그러지 않아요. 남편이나 아이 모두 답답해요."

사실 다영이 엄마는 그냥 넘어가는 일이 없다. 잘잘못을 꼭 가려야 직성이 풀린다. '너는 틀리고 나는 옳다'는 것을 증명이라도 하듯 빈틈을 보이지 않는다. 그래서 다영이와 다영이 아빠에게 엄마는 모든 관계를 파괴적으로 만드는 분노 유발자이다.

다영이가 억울해하고 화를 낸 것은 엄마가 인격적인 대우를 하지 않아서였다. 아이가 실수하거나 잘못할 때마다 지적하지 말고 두세 번 모른 체해주다가 한 번 얘기하는 것이 좋지만 생각처럼 쉽지 않다. 감정 조절을 잘하지 않으면 말이 먼저 나가고, 감정 섞인 말로 아이에게 상처를 주게 된다. 상처받은 아이가 엄마를 힘들게 하는 일이 반복되면 '애가 일부러 나를 골탕 먹이려고 저러나? 반항하는 건가?' 하고 생각해 아이를 미워하게 된다. 아이에 대한 적개심이 생기면 조금도 틈을 주지 않고 몰아세우고, 자신의 화를 보지 못한 채 뒤범벅된 감정의 찌꺼기를 아이에게 쏟아버린다. 그러면 당장은 속이 시원하겠지만 그에 대한 대가는 오래갈 수 있다.

누구보다 아이가 자신의 행동이 잘못되었음을 잘 안다. 다만 행동을 바로잡는 것이 잘 안 되는 것뿐이다. 알고 보면 엄마도 완벽하지 않으면서 아이를 다그친다. "힘들지?" 한마디면 아이의 마음이 누그러질 텐데, 왜 엄마들은 아이의 마음을 공감해주는 그 한마디를 못 하는 것일까? 부모가 먼저 감정 조절이 안 되면 아이를 제대로 훈육할 수 없다. 아이의 기분을 풀어주고 서로 교감하기는커녕 아이의 화만 돋우게 된다.

순종하기보다 반항하는 것이 낫다

중학생이 되면 정해진 시간 안에 해야 할 일이 쌓이고 공부할 양도 많아져 자신의 능력과 한계를 넘어서는 경우가 생긴다. 사실 아이들에 겐 버겁고 힘든 상황이다. 처음에는 그런 자신의 마음은 모른 채 크게 기대하는 부모에게 화가 나지만, 나중에는 제대로 하지 못하는 자신에 게 화가 나 괜히 주변 사람들에게 짜증을 내게 된다. 이런 상황에서 필 요한 것은 "힘들지?", "힘내"와 같은 공감의 한마디다.

객관성이 없고 사랑도 없는 비난은 아이의 마음에 부모에 대한 적개 심을 키울 뿐이다. 당장 반항하는 아이는 그나마 다행이다. 표현하는 힘이 있으니 말이다. 하지만 눈치만 보고 표현을 못 하면 점점 적개심 이 쌓이고 보복심리가 생긴다. 이런 아이들이 생각할 수 있는 부모에 대한 가장 큰 복수는 자신이 불행해지는 것이다. 그래서 외모에 관심이 한창인 사춘기 아이들이 폭식하며 자신을 학대하고 자해를 해 몸을 망 가뜨리는 등 치명적인 선택을 하기도 한다. 상황이 여기까지 오면 부모 들이 아이를 데리고 상담실을 찾는다.

안타깝게도 아이의 상황이 이 정도까지 악화되었다면 친구나 선배, 심지어 자신보다 어린 동생들이 함부로 대해도 방어하기는커녕 이용당 할 위험성이 커진다. 분노를 표현하지 않은 채 자기 안에 차곡차곡 쌓 아두면 우울증이나 불안장애가 올 수 있고, 다른 사람에게 풀면 남을 힘 들게 한다. 처음에는 우울증이나 불안장애와 같은 내재화장애로 자신 을 괴롭히기 때문에 수동적인 아이, 무기력한 아이로 비춰지겠지만 더 이상 버티지 못하면 분노를 폭발하거나 남을 공격하는 반사회적 성격 장애로 발전할 수 있다.

엄마의 감정 조절은 상황을 바꿀 수 있다

나쁜 아이, 문제아라고 불리는 아이들이 처음부터 그랬던 것은 아니다. 아이가 이해하기 힘든 행동을 해도 긍정적인 시각으로 봐주면 아이는 건강하게 성장한다.

아이가 숙제를 하지 않고 놀기만 하거나 내일이 시험인데도 긴장감 없이 태평한 모습만 보이면 화가 나겠지만 '마음이 느긋하고 낙관적이어서 웬만한 스트레스는 잘 이겨낼 거야'라고 생각하면 아이를 너그럽게 대할 수 있다. 같은 상황도 이렇게 받아들이면 아이를 보는 시각이 바뀌면서 감정을 조절할 수 있는 여유가 생기고, 감정 조절이 되면 그릇된 판단이나 행동을 하지 않게 된다. 설사 나쁜 일이 닥쳐도 전화위복의 기회로 삼아 극복할 수 있다.

어린 시절에 마음의 상처를 크게 받았거나 학대를 받으며 자란 부모는 자신도 모르게 과거에 받은 나쁜 감정들을 거르지 않고 아이에게 쏟아붓는 경향이 있다. 그러나 아이는 감정 쓰레기통이 아니다. 아이 때문에 화가 난다면 그 화가 단순히 아이 때문에 생긴 것인지, 자신의 내면에 오랫동안 묵혀뒀던 부정적인 감정 때문에 생긴 것인지를 먼저 구분해야 한다. 그러면 아이에게 욱하는 행동으로 반응하지 않고 이성적으로 대할 수 있다.

이와는 반대로 자신이 받고 싶었던 것을 아이에게 과도하게 해주며 희생자 역할을 도맡아 하는 부모도 있다. 그런 부모들은 아이에게 크게 기대를 하고, 아이가 그 기대에 못 미치면 화를 내곤 한다. 이런 부모일수록 자신이 원하는 대로 아이가 자라주지 않을 수 있다는 것을 인정해야 한다.

부모 스스로 감정을 조절하고 아이의 공감력까지 높이고 싶다면 내 아이가 무엇을 해내느냐와 관계없이 '아이가 내 옆에 존재하는 사실'만으로도 감사하고 대견해하자. 아이는 자신이 잘하는 것이 없어도 실수하는 모습까지 인정해주기를 바란다. 간혹 아이에 대한 기대와 욕심 때문에 화를 내거나 미워했더라도 부모로서의 실수를 인정하고 사과하면 아이의 마음에 부모에 대한 나쁜 감정의 찌꺼기들이 남지 않는다.

'자기의 마음을 다스리는 자는 성을 빼앗는 자보다 낫다'는 명언이 있다. 최악의 상태에서도 자기 감정을 다스리면 새로운 기회를 엿볼 수 있는 객관적 시각과 판단력을 발휘할 수 있다.

✤ 이기적인 행동 뒤에는
충족되지 않은 감정이 있다

"헐, 내 옷 다 망쳐놓고 뭐야. 틴트는 어딨어?"

친구가 화를 내자 나랑이는 순간 당황했다. 하지만 사과는 하지 않고 도리어 큰소리를 쳤다.

"틴트 사주면 될 거 아냐, 그리고 옷도 빨아준다고."

하지만 친구는 "다 필요 없어. 다음부터는 절대 안 빌려줄 거야"라며 성질을 냈다.

나랑이에게 이런 일은 처음이 아니다. 친구에게 빌린 옷을 입고 나가서 피자를 먹다가 핫소스를 떨어뜨리거나, 친구의 신상 틴트를 잃어버리고 '사줘야지' 마음먹었다가 잊어버리는 등 종종 친구에게 피해를 준다.

엄마는 나랑이가 친구와 실랑이를 벌일 때마다 속상하고 나랑이 친구들에게 미안하다. 옷도 물건도 안 사주는 게 아닌데 나랑이가 왜 친구의 물건을 자꾸 빌리는지 이해할 수가 없다. 그래서 "네 옷 두고 왜 친구 것을 입어? 빌려 입었으면 얌전하게 입고 갔다 줘야지. 칠칠치 못하게 흘리기까지 하니?"라고 잔소리를 하게 된다. 나랑이는 엄마까지 친구 편을 드니 억울한 생각에 더 대든다.

뜬금없이 화를 내면 핵심감정을 읽어주자

친구와 친하게 지내다 보면 물건을 서로 빌리거나 빌려줄 수 있다. 그러나 이해심이 많은 친구라 해도 나랑이처럼 물건을 온전치 않은 상태로 되돌려주면 나쁜 감정이 쌓이기 마련이다. 나랑이는 "실수로 그런 건데 한번 봐주지, 뭘 그리 까칠하게 굴어"라고 쉽게 얘기하면서 친구의 마음을 헤아리지 못한다.

나랑이가 친구 물건을 절대 빌리지 않고, 철저하게 내 것 네 것을 구별했다면 어땠을까? 그 어떤 갈등도 생기지 않았을까?

그 문제로 싸우는 일은 없었을지 모르지만 또 다른 일로 다투었을 것이다. 사실 친구 등 타인과의 관계에서는 사건 자체보다는 사건으로 인해 생긴 감정을 헤아리고 배려하지 않아서 다툼이 생길 때가 많다.

다른 사람의 감정을 헤아리고 배려하려면 먼저 자신의 감정을 알아야 한다. 상담을 하다 보니 친구들의 물건을 빌리는 나랑이의 마음은 이랬다고 한다.

'다른 애들은 다 예쁜데, 나만 못생긴 것 같아 속상해. 예쁜 친구의 옷

을 빌려 입고 신상 틴트를 바르면 예뻐져서 친구들이 관심을 가져주고 인기를 끌 것 같아.'

나랑이는 부모님에게 사랑받고 싶은 욕구가 강했다. 그러나 언니에게 엄마 아빠의 사랑을 빼앗기고 있다고 생각하고 있었다. 언니는 공부면 공부 외모면 외모 뒤처지는 것이 없고 애교도 잘 부려서 용돈도 두둑히 받는다. 나랑이는 그런 상황이 불만이고, 불공평하다고 생각했다. 집에서 늘 뒷전이니 친구들에게라도 인정받고 싶은 것이었다.

나랑이는 사랑받고 싶은 욕구마저 마음대로 안 돼서 속상하고 세상이 불공평하다는 생각에 화가 나지만, 그 감정이 마음속 깊이 숨어 있어서 의식하지 못하고 있다.

사람마다 마음 깊숙한 곳에 숨어 있는 이런 감정을 '핵심감정'이라고 한다. 핵심감정은 그 감정이 생긴 상황과 유사한 경험을 할 경우에 불쑥 튀어나온다. 즉 어떤 사람에게는 아무 일도 아니지만, 나랑이처럼 예쁨받는 것이 충족되지 않고 소외당해서 생긴 핵심감정은 그것이 채워지지 않을 것 같을 때 공포심으로 다가온다. 그래서 적절하지 않은 상황에서 화를 내거나 충동적으로 행동하게 되는 것이다.

그러나 언니만 예뻐하는 부모님에게 화가 난 감정이 누구의 것도 아닌 자신의 것임을 알게 되면 자신을 예뻐해주지 않는 사람을 원망하는 대신 스스로의 행동을 되돌아보게 된다.

아이의 감정을 반영해 대꾸하자

—

아이가 깨닫지 못하는 자신의 감정을 알게 할 방법은 없을까? 가장 효과적인 방법은 어떤 사건이 발생했을 때 해결하려고만 하지 말고 속 상함, 소외감, 외로움, 화와 같은 아이의 핵심감정을 말로 표현해주는 것이다. 이를 심리학 용어로 '반영'이라고 한다.

예를 들어 "그 애는 화장 빨에 예쁜 척은 혼자 다 해. 못 봐주겠어"라 고 말하는 아이의 마음속에는 '나를 예뻐해주면 좋겠는데 마음대로 안 돼서 화가 난다'는 감정이 있는 것이다. 그때 엄마가 "애가 벌써 화장하 고 다녀? 학교에서 안 걸려?"라고 말하면 아이는 엄마와 대화가 되지 않 는다고 생각한다. 마음도 통하지 않는다고 생각하면 말문을 닫아버린 다. 아이가 불만을 말할 때가 아이와 가까워질 수 있는 절호의 기회다. 이때 아이의 감정을 반영해주면 된다.

"예쁜 척하는 꼴 보기 힘들었겠다. 짜증도 나고."

그러면 아이의 마음이 풀어지면서 자기 자신을 바라보게 된다.

"걔가 나보다 예쁘긴 하지."

그렇게 대꾸하면 자신을 객관적으로 볼 수 있는 시야가 생긴 것이고, 그 친구와도 사이가 좋아질 수 있다.

물론 아이를 다 이해하고 배려하라는 의미는 아니다. 부모로서 힘든 것도 가끔 표현해야 한다. 주의할 점은 표현하는 적당한 때를 고르는 것이다. 아이가 감정이 조금 누그러졌을 때 "네가 지난번에 한 행동 때문에 당황했어", "네가 막무가내로 그러니까 나도 욱하더라"라고 표현해주어야 효과가 있다.

누구든 실수하기 마련이다. 아이가 실수를 하면 나중에라도 자신의 행동을 되돌아보고 관계를 회복하려는 애정만 있으면 된다. 그렇게 서로의 마음을 터놓음으로써 신뢰가 형성되고 관계가 회복되면 그다음에 '해야 할 것'과 '해서는 안 되는 것'에 대해 한계를 설정해주면 된다.

✤ 아이가 원하는 삶이
부모가 원하는 삶과 같을 수 없다

경은이는 친구들과 잘 어울리지 못한다. 학교에 가도 쉬는 시간에는 책만 읽는다. 겉으로는 차분하고 편안한 표정을 짓고 있지만 사실은 외롭다.

경은이 엄마는 경은이가 "친구들이랑 얘기할 때 어떻게 반응해야 할지 모르겠어"라고 하소연할 때가 가장 속상하다. 친구들의 얘기만 일방적으로 들어주고, 그저 순하기만 한 것 같아서 걱정되고 답답하다.

"엄마가 실망할까봐…"

경은이 엄마는 강남에서 잘사는 집의 막내딸로 태어나 사교육의 특혜를 모두 누리며 성장했다. 자신을 하루에 대여섯 군데 학원에 보내는 부모를 원망했지만, 부모가 된 지금 경은이를 똑같은 방식으로 키우고 있다.

내 아이가 다른 아이들보다 특별하기를 바라는 마음으로 영재교육을 시키고 어학과 특기까지 교육시키려니 경은이는 늘 놀 시간이 없다. 나와 상담을 하면서 경은이는 "놀고 싶은데 엄마가 실망할까봐 말도 못하고 힘들어요"라며 눈물을 글썽였다.

경은이 엄마는 친구들과 몰려다니는 아이들이나 겉모습이 지저분한 아이들을 깎아내리기도 했다. "너는 저렇게 하고 다니지 마. 사람은 항상 깔끔해야 돼"라는 말을 입버릇처럼 했고, 그 말을 증명하듯 외출 한 번 하려면 경은이의 옷을 몇 번이나 갈아입혔다. 경은이가 짜증을 내도 통하지 않았다.

친구들과 놀러가서 찍은 사진을 보여주면 어떤 애들인지 꼬치꼬치 물어보고 "아무하고나 사귀지 마라"고 잔소리하는 건 다반사였다. 그러면서 "우리 딸이 제일 예쁘다"고 말한다. 경은이는 친구들을 무시하는 엄마의 행동이 싫은데, 자기도 모르게 친구들을 무시하게 되어 괴롭다.

공주병·왕자병 아이들도 고충이 있다

경은이 엄마처럼 자기 아이와 다른 아이들을 구별해서 키우면 자기애가 강한 공주병 딸 혹은 왕자병 아들이 될 수 있다. 자기애가 강하면 관계와 소통을 잘하지 못하고, 친구들을 자기애 충족의 수단으로 보고 이용하는 경우가 많다.

사람마다 타고난 기질이 있지만 크게 외향적 기질과 내향적 기질로 나눌 수 있다. 특히 차분하고 내성적인 아이들은 자신을 드러내기를 싫어하고 남의 이야기를 잘 들어주며 성찰을 통해 자신을 발전시켜나간다. 그런데 부모 입장에서는 내성적인 아이가 다른 아이들에게 뒤처지지는 않을까 걱정된다. 그래서 무리하게 자기표현을 하도록 시키거나 외향적으로 변할 것을 강요하게 된다.

그러면 아이는 겉으로는 부모 말을 따르고 부모가 원하는 모습으로 살아가지만 진짜 자기는 아니다.

경은이처럼 조용하고 차분한 아이를 활달하고 거침없는 성격으로 바꿔주려 하면 아이는 혼란스러워 한다. 아이는 자기 생각이나 감정이 엄마가 원하는 것과 다르다는 사실을 알고 자기 생각이나 감정을 숨기고 산다. 그 기간이 길어질수록 자기가 무얼 원하는지조차 모르게 된다. 그러한 마음으로 사는 아이는 친구와의 관계에서 어떻게 해야 할지 몰라 결국 관계가 단절되는 경험을 하게 된다. 공주병 혹은 왕자병 아이의 경우 친구를 사귀더라도 자아도취에서 빠져나오지 못하면 타인이나 사회와 단절된 채 외롭게 살아갈 확률이 높다.

아이의 타고난 기질을 살려주자

———

　대부분의 부모들은 자신이 어릴 때 받지 못했던 보살핌을 아이를 통해 보상받으려 아이에게 모든 것을 쏟아붓는다. 그러면 아이가 행복할 줄 아는데, 결코 그렇지 않다. 아이는 부모의 희생에 보답해야 한다는 부담감에 행복할 틈이 없다. 부모 앞에서는 만족스러운 듯 웃지만 속으로는 '제대로 못 하면 어떡하지?' 하는 걱정으로 하루하루를 살아간다. 제대로 하지 못했을 때의 수치심도 크다.

　아이가 해달라고 하지 않은 것들을 미리 알아서 대신 해주는 엄마 중에는 희생형 엄마가 많다. 그런데 모든 아이들이 엄마의 희생을 고마워하거나 감동하지 않는다. 그러면 희생형 엄마는 자신의 수고를 알아주지 않는다며 서운해한다. 사소하게는 식사를 할 때 "엄마가 너를 위해 이렇게까지 신경을 써서 음식을 만들었는데 왜 안 먹니?"라는 말로 실랑이를 벌인다.

　이런 엄마들은 아이들을 과잉보호하고, 가족을 위해 희생한 만큼 보상을 기대한다. 아이 입장에서 엄마의 노고는 이해하지만 그 노고에 일일이 응답을 하는 건 큰 부담이다. 엄마의 욕구를 다 채우는 것이 어렵기 때문에 '엄마는 나를 위해 희생하는데 난 게임만 하고, 어쩌지?'라는 생각을 한다. 그러다 보면 아이는 늘 부족감과 죄책감에 시달리게 된다. 아이를 정말 위한다면 더 이상 과잉보호를 하지 말고 아이가 받는 부담을 줄여주어야 한다.

어릴 때 부모에게 통제받으며 자란 엄마들은 아이를 통제함으로써 존재감을 확인하려고 한다. 문제는 그 자녀들이다. 집에서 비난받고 억압받은 아이들은 밖에서 남들이 무시하고 함부로 해도 자신을 방어하지 못한다. 정서가 위축되어 자기가 잘못하지 않았는데도 친구가 "네가 잘못한 거야"라고 말하면 자기 잘못이라는 착각을 한다. 그러니 당당한 아이로 키우고 싶다면 통제를 멈추어야 한다.

감정 교류가 거의 없고 칭찬에 인색한 엄마들을 '차가운 엄마cold mom'라고 말한다. 이런 엄마들의 아이들은 조금만 인정해주어도 흔들리고, 애정결핍으로 인해 사랑을 갈구한다. 귀가 얇고 잘 속아 위험한 사람들의 표적이 될 수밖에 없다. 그런 아이로 키우지 않으려면 가족이 함께하는 시간을 늘리고 사랑을 자주 표현해 아이의 외롭고 공허한 마음을 채워주어야 한다.

부모인 자신의 양육 방식을 생각해보고 내 아이의 기질을 예측해보자. 만약 부모로 인해 아이의 성격이 변했다면 본래의 기질대로 살아갈 수 있도록 도와주어야 한다. 타고난 기질대로 살아가야만 자신의 역량을 충분히 발휘할 수 있다.

✤ 십 대가 되면
내 일은 내가 하고 싶어진다

"아빠, 제발 빵 좀 사다놓지 말아요. 체중계만 보면 짜증난다 말야!"

은지는 자꾸 살이 찌는데 집에 먹을 것을 잔뜩 사다놔서 다이어트를 실패하게 만드는 아빠가 밉고 체중계도 보기 싫다. 그래서 먹을 것을 사들고 들어오는 아빠를 볼 때마다 욱한다. 청소한다고 자기 방에 들어와 물건들을 헤집어놓는 엄마 때문에 짜증이 나는 일도 많다. 친구들과 놀다가도 깔깔대며 과잉반응하는 아이들 때문에 기분을 망친다. 나는 잘못이 없는데 주변 사람들 때문에 화나는 일이 너무 자주 있어 괴롭다.

남 탓 하는 아이의 뒤에는 내 탓 하는 부모가 있다
—

남을 탓하는 것이 습관이 된 아이들이 있다. 늦게 일어난 것은 깨워주지 않은 엄마 탓, 숙제가 어려운 건 선생님 탓이다. 좀처럼 자신의 잘못을 보지 못한다. 이처럼 해결의 실마리를 자신이 아닌 남에게서 찾는 것을 '외부귀인'이라고 한다.

외부귀인을 하는 아이들은 '나는 잘못이 없고 남이 문제다'라고 생각하기 때문에 나 외의 모든 것을 부정적으로 본다. 자신은 잘하고 있기 때문에 나 말고 다른 사람이나 상황에서 문제가 생긴다고 단정하는 것이다. 이런 아이들은 자기의 감정도 행동도 책임지려 하지 않고 "아니야, 내 잘못이 아니야"라고 부정denial하고, "네 탓이야"라고 투사projection를 하며, 사실을 왜곡distortion해 자신이 보고 싶은 방식대로 해석해버린다.

반대로, 어떤 일이 생기든 '내 탓'으로 생각하는 아이들이 있다. 이를 '내부귀인'이라고 하는데, 이런 아이들은 모든 일을 자신이 책임지려 하고, 제대로 안 되면 죄책감에 시달린다. 자신에게서 문제의 원인을 찾지만, 다른 사람의 인정을 받고 싶은 마음이 함께 있는 경우가 많다.

참으로 신기한 것은 남 탓을 하는 아이의 뒤에는 내 탓을 하는 부모가 있다는 점이다. 모든 것을 부모가 책임지는데 아이가 굳이 힘든 역할을 할 필요가 없었던 것이다.

책임진다는 것은 '성숙하다'는 의미다. 어릴 때부터 작은 것이라도 하나씩 책임지는 연습을 해야 성숙한 어른으로 자란다. 작은 것부터 하나씩 책임지는 과정에서 아이는 자부심을 느끼고 스스로 통제하는 데서 오는 기쁨을 맛보게 된다.

아이를 행복하게 해준다는 생각으로 아이의 할 일을 대신 해주면 당장은 좋아할지 모르지만 갈수록 아이는 의아심을 품게 된다. 분명 부모가 자신을 위해서 많은 것을 해주는데, 무언가 잘못돼가고 있다고 느끼는 것이다. 즉 부모가 해주는 만큼 자신이 할 수 있는 일이 별로 없다는 것을 알게 된다.

그래서 똑똑한 아이는 부모가 자기 일을 대신 해주거나 선물을 하면 "내가 할 수 있어요", "선물 안 주서도 돼요" 하고 거절한다.

갑자기 아이가 이런 반응을 보이면 부모는 서운하게 느낄 수 있지만, 아이가 쌀쌀맞고 냉정해서 그런 것이 아니라는 사실을 알아야 한다. 아이가 부모와 적절한 거리를 둔다는 것은 스스로 할 수 있는 에너지가 생긴 것을 의미하고 독립된 인간으로 성장하고 있다는 증거이니 오히려 기뻐할 일이다. 자신을 책임지면서 생기는 어려움이나 아픔을 견뎌내야 아이가 성장한다. 안타깝다는 이유로 아이가 스스로 하는 데서 오는 기쁨까지 빼앗지 말자. 자신의 감정과 행동을 스스로 책임지는 것은 저절로 되는 것이 아니라 부단하게 노력하고 훈련함으로써 이뤄진다.

은지처럼 남 탓을 잘하는 아이는 가족의 걱정거리일 뿐만 아니라 친구들에게도 환영받지 못한다. 자신의 부족함을 솔직하게 인정하지 않고 남 탓만 하는데 좋아할 사람은 없기 때문이다. 감정이든 행동이든 아이가 책임지게 해야 한다. 책임지는 아이로 만들려면 부모가 먼저 변해야 한다.

대신 해주는 것을 멈춰야 아이가 큰다

———

은지 엄마는 어릴 때 맞벌이를 하는 부모 밑에서 자랐다. 형제가 많아 학교에 갈 때도 스스로 준비물을 챙겨야 했고, 집에 오면 혼자일 때가 많아서 외롭게 자랐다. 결혼해서 아이를 낳으면 모든 것을 다 해주리라 마음을 먹었다고 한다. 딸을 공주로 키우고 싶었고, 자기가 부모에게 받고 싶었던 것을 은지에게 다 해주고 싶었다. 직장도 포기하고 전업주부로 살며 오로지 은지에게 에너지를 쏟았는데, 정작 은지는 스스로 할 줄 아는 게 아무것도 없고 대신 해주면 오히려 짜증을 내니 허무하고 억울할 뿐이다.

책임지는 아이, 스스로 하는 아이로 만들기 위해서는 엄마가 대신 해주는 것을 줄여나가야 한다. '아이가 바쁘고 힘들어하니 내가 도와줘야지. 버릇이 조금 없어도 대학 갈 때까지만 참자'라고 생각하면 아이의 행동을 절대 고칠 수 없다. 잘못된 행동은 대학을 가거나 성인이 된다고 해서 저절로 고쳐지는 것이 아니라 한 걸음부터 차근차근 고쳐나가야 한다.

예를 들어, 아이의 방이 지저분해도 대신 청소해주지 말아야 한다. 엄마가 아이의 방 정리를 대신 해주었는데 아이가 편해하지 않으면 소용없다. 아이가 숙제건 시험이건 급하다고 생각한 일들을 먼저 하고 마음의 여유가 생겼을 때 방 청소를 하는 것쯤은 인정해주자. 물론 아이가 정중하게 부탁하면 한 번씩 치워주는 것은 괜찮다. 위생상 문제가 될 정도라면 엄마가 나서야겠지만, 아이가 스스로 하도록 책임을 지우는 것이 좋다. 가끔 이렇게 한마디만 하자.

"방 청소를 일주일에 한 번은 한다고 했던 것 같은데…. 청소 안 한 지 좀 되지 않았니?"

서둘러도 지켜봐주고 존중하자

아이의 행동을 변화시키려면 우선 부모와 자녀가 정서적으로 분리돼야 한다. 정서가 분리돼야 아이를 안쓰럽게만 보지 않고 책임지는 아이로 키울 수 있다. 신경을 써주는 것, 이것저것 챙겨주는 것도 줄여야 한다. 대신 아이에게 쏟던 에너지의 일부를 부모 자신의 삶에 쏟는다. 취미생활을 시작하든 운동을 하든 아이에게서 거리를 두면 아이는 통제당하지 않는 것에서 자유를 느끼며 자신의 삶을 돌아보기 시작한다.

더이상 은지를 일일이 챙겨주지 않기로 한 은지 엄마는 20년 만에 처음으로 동창회에도 나갔다. 친구들을 만나고 운동을 하다 보니 아이를 보며 속상했던 마음이 줄어들었다. 자신이 제대로 보이기 시작했고, 운동을 하고 싶은 마음도 생겼다.

청소, 체중 관리, 생활습관까지 일일이 간섭하던 엄마가 달라지자 은지도 변하기 시작했다. 아직 습관이 되지 않아 빼먹는 날이 많지만, 일주일에 한 번은 청소하기로 엄마와 약속했다. "대신 함부로 방에 들어와 물건을 만지지 말아주세요"라고 부탁도 했다.

다이어트를 한다고 선포하고 아빠에게는 "빵, 치킨, 콜라 같은 것 대신 다이어트에 도움이 되는 샐러드, 닭가슴살 같은 것을 사다주세요"라고 얘기했다. 은지는 그렇게 하나씩 책임지는 법을 익혀나가고 있다.

십 대 아이들은 잘하지 못하면서도 스스로 하고 싶어 한다. 주도성과 자율성은 유치원 시기에 획득해야 할 발달 과업이지만, 사춘기에 스스로 하고 싶은 욕구가 다시 올라온다. 그러니 아이 스스로 하는 기회를 주어야 한다. 처음엔 서툴러도 잘한 부분들을 인정해주면 아이는 해냈다는 자부심과 부모의 마음을 흡족하게 했다는 기쁨을 느끼게 된다.

2장

십 대와 함께 살아가는 공감력 키우기

✛ 아이들은 무분별한 칭찬을
   부담스러워한다

"민영아, 발표할 때는 발음을 정확하게 하고 자신 있게 해야지."

발표수업 시간에 담임선생님이 한마디 했다. 민영이는 밤새워 발표 준비를 했는데, 선생님에게 칭찬을 받기는커녕 지적을 당해 속상하다.

내색하고 싶지 않은데 얼굴에 기분 나쁜 마음이 바로 드러난다.

평소에 민영이는 친구들이 "너 머리 모양이 왜 그래? 안 어울려. 옛날처럼 다시 길러"라고 한마디만 해도 그냥 넘기지 못하고 삐친다.

친구들이 "농담가지고 뭘 그래, 화났어? 풀어"라고 말하면 "아냐, 됐어"라고 말하지만 속으로는 꽁해 있다. 조금이라도 자기를 비난하면 마음이 불편해지고 친구들을 멀리한다.

칭찬은 중독성이 강하다

아이가 어릴 때는 칭찬을 해주면 세상에서 가장 큰 상을 받은 것처럼 좋아했다. 그러나 사춘기가 되면서는 "예쁘다"라고 말하면 "뭐가 예뻐, 못생겼는데, 거짓말 그만해" 하고 오히려 반발한다. 그리고 '왜 그러지? 나한테 뭘 원하는 거야' 하고 경계한다. 한편으로는 외모에 관심이 많아지는 시기라서 연예인이나 친구들을 끊임없이 비교하며 자신은 못생겼다고 생각한다. 더구나 평가성 칭찬인 "잘했네", "착하다"라는 말은 더 싫어한다. '뭔가 잘하는 것을 보여줘야 할 것' 같고, 앞으로도 계속 '부모에게 맞추어 착한 모습을 보여줘야 할 것' 같기 때문이다.

부모는 아이와 친해지고 싶고 다가가고 싶을 때 주로 칭찬을 한다. 그런데 칭찬은 상호작용 언어가 아니라 정보전달성 언어이다. 마음이 담긴 만큼만 표현해야 아이가 반응을 하고, 마음이 담긴 칭찬을 할 때 비로소 상호작용 언어가 된다. 마음속과 다른 거짓칭찬이나 과장성 칭찬은 아이가 금방 알아차린다.

'말은 칭찬하면서, 표정은 왜 저렇지?'라는 마음이 들 때 "속으로는 아니면서 웬 칭찬? 엄마, 나한테 원하는 게 뭐예요?"라고 표현하는 아이가 건강한 아이이다.

그러나 별것 아닌 행동에도 늘 칭찬만 받아온 아이는 지적을 받으면 못견뎌한다. 민영이 역시 집에서 늘 칭찬만 받았기 때문에 친구나 선생님이 조금만 지적을 해도 마음에 상처를 입는다. 거짓칭찬이라도 받아야 존재감을 느낀다.

이러한 마음으로 지내면 자기가 하고 싶은 것보다는 남들의 칭찬을 받기 위해 살게 된다. 칭찬에 끌려다니게 되고, 칭찬에 의존하기 쉽다. 칭찬 역시 게임 중독, 스마트폰 중독과 같이 중독성이 강하기 때문이다. 그러다 칭찬에 내성이 생기면 칭찬의 수위는 점점 높아져야 하고, 금단증상이 일어나 불안과 초조함으로 인해 아무것도 할 의욕이 생기지 않는다. 자기정체감이 형성되는 중요한 시기에 '진짜 나'가 아닌 '가짜 나'로 살면서도 구분을 못 하게 된다. 그리고 자신을 칭찬해주지 않는 사람들에게 화가 나기 시작한다. '나는 최선을 다했다'고 생각하는데 결과가 제대로 나오지 않거나 칭찬이 없으면 못 견뎌하며 사람들을 미워한다.

민영이처럼 칭찬에 길들여진 아이는 바른 소리마저도 비난과 지적으로 받아들인다. 혹은 다른 사람의 칭찬에 맞추어 살아야 하기 때문에 자기 소리를 내지 못하고 착한 아이 콤플렉스에 빠질 우려도 있다.

차라리 솔직해지자

—

칭찬 없이 살 수 없다면 칭찬의 노예가 된 것이다. 칭찬하는 사람의 말 한마디, 표정 하나를 살피며 눈치를 보게 된다. 이런 사람에겐 '칭찬하는 사람'이 권력자다. 만일 칭찬을 함으로써 아이를 통제하거나 조정하고 있다면 당장 멈추어야 한다. 또 아이가 성장하면서 수치심과 비참함을 맛보게 하고 싶지 않다면 칭찬을 거절할 수 있도록 가르쳐야 한다.

사춘기 아이들이 술이나 담배를 하고 이성 친구를 사귄다는 얘기를 들으면 부모들은 '내 아이도 그런 것을 배우면 어쩌나?' 하고 걱정을 한다. 불안한 마음을 칭찬으로 대체하기도 한다. 하지만 "너는 딴 짓 안 해서 다행이다"라든가 "옆집 애는 속 많이 썩이나봐"라며 은근슬쩍 떠보지 말고 내 아이의 욕구를 들여다봐야 한다. 차라리 "너는 그런 것 해보고 싶을 때 없었어?"라고 진솔하게 대화를 할 때 아이가 부모에게 솔직해질 수 있다. 잠깐의 호기심마저 일탈로 생각하면 아이는 '우리 부모는 너무 꽉 막혔어. 만약 부모가 싫어하는 것을 하더라도 절대 들키지 말아야지'라고 결심한다.

사춘기는 자기 생각을 추론해서 객관화하고 문제 해결력을 키우는 시기이기 때문에 주장이 세진다. 칭찬을 무기로 고분고분한 아이로 만들려고 해서는 통하지 않는다. 칭찬을 회유책으로 쓰지 않도록 조심하자.

✦ 아이는 마음을 받아주는
대화를 원한다

"이어폰 빼고 밥 먹으라고!"

엄마가 한마디 하면 수아는 그제야 "잠깐만, 이 드라마 중요한 장면이야"라고 겨우 대답하고 밥을 먹는다. 수아는 학교에서는 반 회장으로서 친구들을 이끌고 쾌활하게 아이들을 웃기기도 해서 명랑한 아이로 평가받는다. 그런데 집에만 오면 말을 하지 않는다. TV를 보면서 혼자 밥 먹을 때가 많다. 엄마가 퇴근하면 밥을 같이 먹지만 이어폰을 끼고 스마트폰으로 드라마를 보거나 게임을 하느라 엄마 얼굴 한번 쳐다보지 않는다. 자기 방에 들어가면 잠을 자거나 누워서 음악을 듣느라 거의 나오지 않는다. 그런 수아의 모습에 엄마는 답답하다.

집 밖에서는 웃지만, 집에서는 외로운 아이

수아가 학교에서는 잘 지내다가 집에만 들어오면 입을 닫아버리는 이유는 무엇일까?

"엄마, 아빠, 그리고 제가 집에 들어가는 시간이 다 달라요. 먼저 들어가서 배고프면 빵이나 컵라면 하나 먹고 학원 갔다 오면 엄마가 들어와요. 엄마는 챙겨주긴 하는데 별 말은 안 해요. 아빠는 거의 매일 늦게 들어오셔서 얼굴을 못 보고 잘 때가 많구요."

수아처럼 가족이 있지만 어릴 때부터 혼자 지내는 아이들이 많다. 이런 아이들은 혼자 스스로를 만족시키며 성장한다. 혼자 밥 먹고, 심심할 땐 PC방에 가고, 인터넷 쇼핑도 혼자 한다.

혼자 있는 시간이 꼭 나쁜 것은 아니다. 그 시간에 자신의 생각이나 감정을 정리하고, 자기가 할 일을 혼자 해내면서 다른 아이들보다 독립심이 일찍 발달하기도 한다. 그러나 사춘기는 정서적 의존 욕구가 아직 남아 있는 시기이다. 겉으로는 부모 간섭을 싫어하는 것 같고 자기에게 신경 쓰지 말라고 큰소리도 치지만 속으로는 외로워한다.

이런 아이들은 커서도 사람들과 관계 맺기보다는 혼자 있는 것을 더 편해한다. 마음은 외로운데 사람이 다가오는 걸 불편해하고, 점차 사회생활 자체가 어려워지는 경우도 많다. 혼자 성취할 수 있는 일을 찾아 몰두하거나, 취미생활을 하며 혼자만의 시간을 즐긴다.

수아 역시 부모와의 정서적 교감이 부족하다 보니 함께 있어도 스마트폰으로 드라마를 보거나 음악을 들으며 스스로를 위로하는 것이다. 학교에서는 외로운 감정은 숨긴 채 아이들을 웃기기도 하고 반 회장 역할을 하면서 자기의 존재감을 느꼈던 것이다.

집에서는 과묵하고 표정이 어두운데, 밖에서는 활짝 웃고 다니거나 과도하게 명랑한 아이들이 있다. 이런 아이들은 마음속 외로움이나 불안 같은 감정을 숨기는 경우가 많고, 상황이나 장소에 따라 감정이나 행동이 다르게 표현될 수 있다. 그 차이가 심하면 힘들어질 수 있다. 사춘기에는 호르몬의 변화로 인한 감정의 변화까지 겹치면서 더 혼란스러울 수 있다.

반대로 학교에서는 한마디 말없이 있다가 집에 가야 말문이 트이는 아이들도 있다. "가족만이 믿을 수 있는 존재이고, 사람들을 아무나 믿어서는 안 된다"고 가정교육을 받은 아이들이다. 이 경우에는 어떤 이유로든 아이를 세상에 내놓지 못하고 과잉보호한 부모의 영향이 크다.

어릴 때는 부모의 과잉보호를 받으며 가정 안에만 머물러 있어도 큰 어려움이 없다. 그러나 사춘기 이후에는 학교 공부, 친구 관계, 진로 결정, 감정 조절 등을 스스로 해야 하고 스스로 책임져야 할 일이 많아진다. 성인으로 가는 중간 단계에서 친구의 비중은 커지고, 이차성징이 나타나면서 이성에 대한 관심도 높아진다. 그래서 부모가 이성친구들에 대해 언급하면 마음이 들킬까봐 오히려 "관심이 없다"며 짜증을 낸다.

열린 대화로 공감의 적중률을 높이자

———

아직 아이로 더 머무르고 싶든 독립적이 되고 싶든 사춘기에는 부모의 관심과 사랑을 받아야 긍정적인 에너지를 얻는다. 그러나 애초에 부모의 사랑이나 인정을 받아보지 못한 아이들은 일찍부터 집 밖에서 자신의 마음을 채워줄 사람을 찾는다. 그리고 수준 높은 대화를 원한다.

"선생님하고 하듯이 수준 높은 대화가 안 돼요. 엄마와 대화가 됐으면 좋겠어요. 고민도 털어놓고요."

아이가 말하는 수준은 지식이 많고 적음을 말하는 것이 아니다. 자신의 마음을 이해해주는 것이 수준 높은 대화이다. 엄마들은 보통 이렇게 얘기한다.

"네가 말을 안 하니 그렇지. 말해, 들어줄게."

아이는 말 자체가 아닌 마음을 받아달라는 건데 엄마가 이렇게 오해를 하니 억울할 뿐이다.

마음을 받아주는 것도 기술이 필요하다. 아이의 감정을 최대한 말로 표현해주면 된다. "화났구나"라고 했는데, 아이는 "아니, 짜증났어"라고 말하면 그 말을 그대로 따라해주면 된다. "짜증났던 거구나"라고. 불안하다는 표현도 "겁이 난다", "두렵다" 등 여러 가지가 있다. 부모의 말에 아이의 표정이나 반응이 어떻게 변하는지를 평소에 관찰해두면 공감의 적중률을 높일 수 있다.

아이와 대화의 끈을 놓지 않기 위해 사랑하는 마음을 담아 SNS로 명언과 걱정하는 말을 보내주는 엄마도 있다. 그러나 이러한 엄마의 노력을 아이가 일방적이라고 느끼면 더 이상 대화가 아니다.

일방적 대화를 지속하면 아이의 거부감이 커지면서 마음의 문을 닫게 된다. "사랑해", "미안해"와 같은 말도 아이가 받아들일 준비가 되었을 때 하는 게 효과적이다.

✢ 마음을 들어주지 않으면
아이는 우긴다

"엄마가 사준다고 약속했잖아!"

현진이는 요즘 부쩍 화를 잘 내고 우기는 일이 많다. 사소한 일에도 우겨서 엄마는 진이 빠지고 어찌해야 할지 난감하다. 특히 최신 스마트폰을 사달라고 조르는데, 아직 어린 아이에게는 과하다는 생각에 안 된다고 잘라 말했더니 화를 내며 고집을 부렸다. 현진이는 한번 우기기 시작하면 감정을 조절하지 못해 얼굴이 울그락불그락한다. 학교에서도 아이들의 얘기를 다 듣기도 전에 자기 말만 하고, 친구들과 의견이 다르면 무조건 우기기 때문에 아이들이 현진이를 은근히 따돌린다.

아이들은 왜 우기는 걸까?

———

남의 감정을 존중하지 않는 아이는 친구들에게 따돌림을 받기 쉽다. 꼭 싸우지 않더라도 말이 안 되게 우기다가 학교생활이 불편해진다. 갈등 상황에서 우기다 보면 감정 조절을 못 하고 충동적으로 화를 내서 일을 그르치는 경우가 많고, 심하면 주변 사람을 다 떠나게 만든다. 처음에는 직장 동료나 친구들이 멀리하겠지만, 나중에는 가족들조차 외면할 것이다. 우기는 행동은 사춘기에 잠깐 나타나고 없어지는 것이 아니다. 한번 굳어지면 고치기 어려워 어른이 돼서도 문제를 만든다.

우기는 행동은 '다른 사람의 생각은 틀리고 내 생각만 옳다'는 자만심에서 나온다. '남에게 책임을 전가하는 것'이 '우기기'이고, '내가 책임지겠다는 것'이 '주장하기'이다. 비슷한 것 같지만 결과는 많이 다르다. 인지발달심리학자인 피아제Jean Piaget는 사춘기 아이들은 자신이 무엇을 생각하는지를 알고 다른 사람이 왜 그런 행동을 하는지를 추리할 수 있기 때문에 역설적으로 '나만 옳다'는 자기중심적 사고에 빠진다고 한다. 어떤 면에서는 타인의 생각까지 꿰뚫어볼 정도로 똑똑하지만, 자만심으로 인해 상대방의 감정은 헤아리지 못하는 것이다. 우기는 것은 자신의 기분 나쁜 감정이나 상황을 남에게 전가시키는 것이다. 부모나 친구의 생각과 감정까지 헤아려야 우기는 행동을 멈출 수 있다.

그렇다면 왜 우기는 아이가 되는 것일까? 부모가 평소에 아이의 말을 무조건 들어주며 과잉보호하면 우기는 성향이 생길 수 있다. 어릴 때는 크게 문제될 게 없다. 과자나 장난감을 사달라고 하면 사주고, 아프다고 학교 가기 싫다고 하면 하루 병원 갔다가 다음날 보내면 되기 때문이다. 그러나 아이가 커갈수록 다 들어줄 수 없는 요구들이 생긴다. 초등학교 때는 스마트폰을 사달라는 것으로 시작하지만 나중에는 더 큰 요구들이 기다리고 있을 것이다.

아이가 해달라는 것을 다 해주다가 사춘기에 부모가 "안 된다"고 하면 아이들은 혼란스러워한다. '그진에는 다 들어주더니 왜 갑자기 바뀐 거야'라고 생각하며 해달라고 우긴다. 그래서 어릴 때부터 '되는 것'과 '안 되는 것'을 명확히 알려주는 것이 중요하다.

지켜야 할 간단한 규칙이나 최소한의 해야 할 일, 해서는 안 되는 일 등의 목록을 아이와 함께 만드는 것도 한 가지 방법이 될 수 있다. 그러면 아이가 어떤 행동을 할 때 부모가 수용하거나 거절할지 예상해볼 수 있다.

스스로 '결정했다'고 느끼게 하자

부모가 감당하지 못할 정도로 아이가 화를 내고 우기는 또 다른 이유는 부모가 평소에 아이의 말을 제대로 들어보지도 않고 "안된다"로 일관했기 때문이다. 아이는 처음에는 합리적인 이유와 논리로 부모를 설득했을지도 모른다. 하지만 자기 의견을 말해도 부모가 무조건 반대를 하니까 부모를 이기기 위해 우기게 되었을 것이다. 협상이 아닌 파워게임이 된 것이다.

화를 조절하지 못하고 우기기만 하는 현진이도 처음부터 그러지는 않았다. 크게 소리를 지르며 화를 내지 않으면 엄마가 꿈쩍도 하지 않았고, 그때부터 현진이는 작은 것부터 큰 것까지 무엇이든 자신의 권리를 찾기 위해 화를 냈다. 처음에는 집에서 시작한 것이 학교에 가서 친구들과 논쟁거리가 생기면 어김없이 얼굴이 붉어질 정도로 화를 냈다. 그럴 때면 아이들이 슬슬 피하거나 마지못해 양보해주었다. 이제는 부모, 동생, 친구도 현진이를 이길 사람이 아무도 없다.

아이를 비난하는 것으로는 문제가 해결되지 않는다. 그러면 어떻게 해야 할까?

잘못이 시작된 시점으로 다시 돌아가야 한다. 아이에게 '우기는 것' 대신 '주장하는' 역할을 주는 것이다. 부모가 결정권을 가지고 통제하고 있다고 오해하는 아이에게 '스스로 결정했다'고 느끼게 해주어야 한다. 주도권을 빼앗기면 아이는 고집을 부리게 된다.

이때 '아이의 말이 틀리고 부모의 의견이 맞다'는 편견을 버리고 아이의 말을 듣는 것부터 시작한다. 아이의 요구조건을 다 들어주라는 것이 아니라 아이의 말을 먼저 들어주어야 아이의 마음 문이 열린다.

그런 뒤엔 화나고 억울했던 감정을 풀어주어야 한다. 현진이 역시 스마트폰을 사달라고 하면 엄마가 "지금은 안 돼. 무슨 스마트폰이야" 하고 야단을 치니 감정적으로 우길 수밖에 없었던 것이다. 이럴 때 엄마가 불안이나 화나는 감정을 진정시키고 "네게 스마트폰이 필요한 이유가 뭔지 궁금해. 네 생각을 말해줄래?"라고 물어보는 것이 먼저다. 그러면 아이는 "친구들은 스마트폰 다 있다고요. 나만 없으면 따돌림 당한단 말예요. 친구들하고 친해지고 싶어요"라고 자신의 속마음을 말할 것이다. 그러면 "그랬구나, 엄마는 그것 때문인 줄은 몰랐네. 친구들과 친해지고 싶은 거였구나"라고 아이가 한 말을 그대로 사용해 공감해준다.

이처럼 아이의 깊은 감성을 알기 힘들 때는 앵무새처럼 아이의 말을 그대로 따라 말하는 것이 좋다. 이와 같은 '앵무새식 공감법'은 큰 실수 없이 아이의 감정을 읽어줄 수 있는 유용한 기술이다.

부모가 자기 마음을 이해해준다고 생각하면 아이는 우기는 대신 주장을 하게 된다. 화나 공격성이 함께 나가는 것이 '우기기'이고, 감정을 조절해서 자기 생각을 말하는 것이 '주장하기'이다.

공감이 이루어지면 "스마트폰 말고 아이들과 친해지는 다른 방법이 없을까?" 하고 엄마의 의견을 다시 얘기하자. 그러면 아이는 "친구 집에 놀러가는 것도 좋긴 한데, 그건 엄마가 싫어하잖아요"라고 말한다. 아이의 말에서 엄마는 스마트폰을 사주는 것 말고도 다른 방법이 있다는 것을 알게 된다. "놀러가는 것은 괜찮아. 7시 전에만 오면 돼. 연락은 미리 꼭 해주고"라고 단서를 붙인다. 물론 중간에 아이나 엄마의 언성이 높아질 수도 있고 협상이 어려워질 수도 있지만, 대화를 시도하는 것이 무엇보다 중요하다.

✦ 의존 성향이 강할수록
친구에게 끌려다닌다

"토요일에 놀러가기로 했는데, 너도 가자. 정류장에서 1시에 만나."

친구의 말에 잎새는 틈도 들이지 않고 대답을 한다.

"알았어, 그때 보자."

잠시 후, 다른 친구에게 전화가 온다.

"우리 토요일에 영화 보러 가자. 3시야."

아까 친구와 이미 약속을 했지만, 이 친구의 제안을 거절하면 안 될 것 같아서 좋다고 말한다. 그리고 두 가지 약속이 겹치지 않게 하려고 시간을 계산하기 시작한다.

'1시에 만나면 밥 먹자고 할 것이고, 그럼 영화 시간에 못 맞춰. 놀러가는 건 오전에 가자고 하고, 영화를 오후에 보자고 할까? 아니면 반대로?'

결국 방법을 찾지 못한 잎새는 엄마를 괴롭히기 시작한다.

"엄마, 나 어떻게 해. 나 주말에 약속 두 개가 겹쳤단 말야."

"니가 알아서 해. 왜 못 지킬 약속을 하고 그래?"
엄마는 거절을 못 하는 잎새를 볼 때마다 답답하다.

거절을 못 하는 아이들

"친구에게 거절하는 게 뭐가 힘들까?"라고 반문할 수도 있다.

그러나 잎새처럼 친구가 놀자고 하거나 누군가 부탁을 하면 거절을 못 하는 아이들이 의외로 많다. 당장은 쉽게 약속을 하지만 한 번에 두세 가지 약속을 해놓고 결국 하나도 충실하게 지키지 못하는 문제가 생기기 쉽다.

그때마다 '다음에는 그러지 말아야지' 하고 결심을 하지만 마음대로 잘 안 된다. 잎새처럼 거절을 못 하고 자기주장을 못 하면 어디에선가 문제는 터지게 되어 있다. 약속 시간에 늦거나 아예 약속을 없던 일로 만들기 때문에 친구들은 이유도 모르고 기분이 나빠진다. 아이가 늘 이런 문제를 달고 산다면 결정장애가 있다고 볼 수도 있지만 대부분은 '거절하면 나를 싫어하겠지?', '웬만하면 들어줘야지, 내가 뭐 그리 잘났다고'라며 자신을 비하하는 마음이 숨어 있는 것이다.

그런 아이들에게는 행동 지침을 알려줘야 한다. 우선 쉽게 대답하고 10분 지나서 후회할 약속은 아예 하지 않도록 해야 한다. 약속을 지키지 못했다는 자책도 하게 되고, 친구 보기도 미안해지기 때문이다. 대답하기 전에 3초만 참고 스스로에게 질문을 던지는 습관을 들여야 한다. 거절을 못 하는 아이는 거절할 생각만 해도 심장이 두근거린다. 거절하면 친구와 멀어질 것 같고(버림받음), 다시는 안 볼 것(거절) 같아 두렵기 때문이다.

아이의 마음에 '버림받음'과 '거절'의 두려움이 생긴 것은 부모가 아이를 키우면서 별 생각 없이 했던 말이 발단이 됐을 수도 있다. "말 안 들으면 엄마 가버릴 거야"라는 말이 아이의 무의식에 깊이 박혀 있는 것이다. 혹은 '싫다고 하면 엄마가 속상해할까봐' 엄마의 마음을 살피면서 애어른이 된 경우도 있다.

아이에게 관계를 유지하면서 자기 마음도 상하지 않게 거절하는 방법을 가르쳐주어야 한다. 잎새 같은 경우는 "그런 상황이 되면 꼭 가고 싶은지 생각해본 뒤에 약속을 잡는 것이 중요하다"고 얘기해주자. 설사 뒤에 전화한 친구의 제안이 더 마음에 와닿더라도 선약이 있다고 솔직히 이야기하고 다음을 기약하도록 유도하자. 그런 뒤에는 상황에 따라 어떻게 대처할지에 대한 자신만의 기준을 세우고 지켜나가도록 격려해주자.

어떤 이유로든 거절을 못 하는 아이에게는 "거절한다고 해서 문제될 것은 없다"고 용기를 주어야 한다. 그리고 "그게 친구든, 부모든, 누구든 부당하거나 옳지 않으면 싫다고 말해"라고 아이에게 각인시킨다. "두 개 중 하나를 선택해야 할 때 뭐가 더 중요한지 생각해봐"라는 말로 아이에게 선택하기 전에 생각할 시간을 갖도록 권하는 것도 현명한 방법이다.

그다음에는 "아, 나도 가고 싶은데 약속이 있어"라는 말로 대답할 수 있게 연습시킨다. "요즘 영화 재미있는 것 별로 없던데, 난 이번엔 빠질 래"와 같이 생각을 명확하게 전달하는 것도 좋다.

아이의 취향을 존중하고, 선택권을 주자

상대방이 어떤 요구를 할 때 자신의 감정을 안다면 거절을 하는 건 어렵지 않다. 즉 아무리 거절하기 힘들어도 2~3분 정도 자신의 감정을 살피면 어떻게 해야 할지 감이 온다. 사람들과의 관계에서 항상 "예(예스)"라고 할 수는 없다. 상대방이 과한 요구를 하거나 자신을 함부로 대할 때는 거절할 줄 알아야 하며, 자신을 배려하고 상대방을 배려하는 법도 알아야 한다.

사랑을 충분히 받지 못했거나 과잉보호를 받으며 자란 아이들은 누군가에게 정서적으로 의존하는 성향이 강해 머리로 생각하는 것과 달리 늘 끌려다닌다. 무시당하고 손해 보는 관계마저 끊지 못한다. 무엇을 결정하거나 새로운 것을 시도할 때도 마찬가지다. 사람에게 너무 집착하거나 스스로 결정하는 것을 힘들어한다. 머리는 좋은데 사람과의 관계에 서툴거나 상황에 맞지 않게 끌려다니는 아이들은 다른 사람의 감정을 신경 쓰느라 자신의 감정을 배려하지 않는 경우가 많다. 관계

속에서 적절한 경계를 설정할 줄 아는 것이 중요하다.

부모나 형제와의 관계에서 갈등을 해결하고 서로를 배려하면서 감성이 자라고 거절할 줄 아는 용기가 생긴다. 아이가 싫다고 하면 그 감정을 인정해주자. 싫어하는 음식을 억지로 먹게 하거나 싫어하는 것을 하게 하지 말고, 스스로 선택하고 결정하는 연습을 시켜야 한다. 아이가 거절도 할 수 있어야 친구들에게 존중받을 수 있고, 자신의 욕구를 존중했다는 점에서 자신감도 생긴다.

✤ 억눌렀던 화를 폭발해 억울한 학교폭력 가해자가 되기도 한다

지혁이는 초등학교 5학년 때까지는 친구도 잘 못 사귀고, 가끔은 아이들한테 맞고 오기도 했다. 그 모습을 지켜보며 엄마는 지혁이가 따돌림을 당하는 건 아닌가 싶어 늘 마음을 졸였다. 그런데 최근에 하늘이 무너지는 일이 생겼다. 담임선생님으로부터 지혁이가 같은 반 아이를 때려 코피를 터트렸다는 연락이 온 것이다. 담임선생님의 말에 의하면, 두 아이가 싸운 뒤에 교사는 두 아이를 타일렀고 지혁이는 반 아이들 앞에서 그 아이에게 사과를 했다. 그런데 피해자 아이의 부모가 담임선생님에게 연락을 해서는 "상대 부모의 사과를 제대로 받아주지 않으면 학폭위를 열겠다"고 했다는 것이다.

지혁이의 부모는 이런 일이 처음인 데다 지혁이가 자기도 억울하다며 울음을 터트려 속상했다. '아이들이 싸우다 그런 걸 가지고 뭘…' 하는 생각을 잠시 했지만 상대 아이를 때린 건 폭력에 해당하니 사과하는 게 맞겠다는 생각이 들었다.

담임선생님에게 받은 전화번호로 연락을 해 상대 아이의 집 근처 카페에서 엄마들끼리 만났다.

"아이가 놀랐겠어요. 죄송합니다."

"코피가 얼마나 났는지, 옷이 뻘개져서 왔어요. 어떻게 그렇게 패요?"

"우리 애도 팔을 긁혔어요. 애들 앞에서 사과도 했다는데…."

"사과하면 다예요? 가만히 있는 애를 왜 건드리냐고요?"

"가만히 있는데 왜 싸웠겠어요. 아무튼 저도 잘 타이를게요."

"어머니, 우리 애가 가만히 안 있었다니, 무슨 말이에요? 나 합의 못 해요. 학폭위 열래요."

사과로 끝날 일이
학폭위 문제로 커지는 이유

———

아이들의 문제로 부모들이 만나는 건 서로 사과를 주고받는 것으로 문제를 끝내기 위해서다. 그러나 서로 얘기를 나누다 보면 자기 자식을 두둔하게 되고, 그러다 감정싸움으로 번지는 경우가 허다하다. 학폭위가 열려도 담임선생님과 부모 선에서 끝나지 않고 경찰에 신고를 하게 되고, 변호사들까지 대동하게 된다.

이렇게 일이 커지는 이유는 가해자 부모가 피해자 부모에게 제대로 사과를 하지 않아 피해자 부모의 감정이 상했기 때문이다. 많은 경우 피해자 부모는 이미 감정이 격해져 있다. 자기 아이가 맞고 오는 일이 이번 한 번이 아니었으니 그럴 만도 하다. 그렇게 감정이 상해 있는데 가해자 부모의 사과가 흡족하지 않으면 감정이 더 격해지는 것이다.

학교폭력은 돈을 뺏는 삥 뜯기나 작은 언쟁에서 시작되지만, 어느 순간 아이들이 화를 조절하지 못하면 미처 예상하지 못한 상태에서 충동적으로 폭행이 일어나기도 한다. 때로는 따돌림을 당하던 아이가 화를 참지 못하고 자신을 따돌린 아이를 때려서 오히려 가해자가 되는 일도 있다. 뿐만 아니라 겉으로는 두 아이의 싸움이지만 사건을 자세히 들여다보면 다른 아이들이 연루된 경우가 대부분이다.

국가와 민간기관, 학교, 부모들이 합심해 학교폭력과 유해환경으로부터 아이들을 보호하려고 노력하는데도 불구하고 왜 이렇게 학교폭력이 사라지지 않는 것일까? 게다가 과거와 달리 요즘은 가해자와 피해자의 구별이 잘 안 되는 실정이다. 과거에는 아이들이 직접 만나는 자리에서 일이 벌어졌지만, 요즘은 온라인상에서 SNS나 단톡방으로 은밀하게 일이 벌어지다 보니 사이버폭력이나 사이버따돌림에서 시작된 폭력이 실제 폭력으로 이어진다는 점이 문제다.

학교폭력에서는 누가 먼저 싸움을 시작했는지, 폭언을 누가 더 많이 했는지, 누가 더 큰 상해를 입혔는지에 따라 가해자, 피해자가 결정된다. 하지만 명확한 기준과 해결 방법에 대한 지침이 없어 혼란스러운 상태다. 교사들은 반 아이들이 모두 있는 데서 야단쳐서 아이들에게 수

치심을 주기도 하고, 이 아이의 말과 저 아이의 말을 들어보다 그저 쉽게 결론을 내리기도 한다. 부모들은 자초지종을 잘 모르니 답답한 마음에 여기저기를 뛰어다니며 해결하고자 애쓴다.

지혁이 부모 역시 답답한 마음에 아이를 데리고 상담실에 내원했다. 지혁이는 머리를 숙이고 눈을 마주치지 않으려 했다. 엄마는 걱정이 가득해 눈물까지 글썽이고, 아빠는 화가 난 표정으로 "도저히 우리 집에 이런 일이 발생했다는 사실을 이해할 수 없어요"라고 말했다. 그리고는 "어쩌면 좋죠, 선생님?" 하고 하소연을 했다.

가해자, 피해자를 가르기 전에
아이 속마음부터 들어보자

———

나는 색종이를 내놓았다. 지혁이에게 마음에 드는 색을 골라 그 위에 동물 모형을 올려놓으라 했다. 지혁이는 빨간색 색종이를 골랐고 그 위에 육식동물인 티아노사우루스, 돼지, 강아지를 엉겨 붙게 서로 올려 쌓아놓았다. 딱 보기에도 싸우는 장면이 연출되었다. 어떤 상황이냐고 물었더니 좀 망설이다가 이야기를 풀어놓기 시작했다.

"강아지와 티아노사우루스가 서로 노려보고 있어요. 강아지의 실험 준비물을 티아노사우루스가 빼앗아 가서요."

지혁이의 이야기에서 강아지는 자기 자신을, 티아노사우루스는 평소에 지혁이를 괴롭히던 힘센 아이를 의미했다. 좀 더 자세히 이야기를 해달라고 했더니 이렇게 말했다.

"강아지(지혁이 자신)는 티아노사우루스(평소 지혁이를 괴롭히던 힘센 아이)에게 잡아먹힐까봐 무서워서 말을 못 하고 화가 나서 씩씩거리기만 했어요. 그런데 그때 강아지랑 친한 돼지(피해자)가 나타나 티아노사우루스 편을 들면서 강아지에게 발길질을 하고 욕을 했어요. 강아지가 화가 나 돼지를 향해 주먹질을 했는데 코피가 터졌어요. 코피가 터진 돼지도 흥분해서 강아지 팔을 잡아당겨서 할퀴었어요."

알고 보니 평소에 지혁이는 힘센 아이에게 물건을 빼앗기고 괴롭힘도 당하고 있었다. 자신의 유일한 친구였던 피해자가 힘센 아이 편을 들자 배신감에 주먹이 나간 것이었다.

마지막으로, 빨간 색종이를 고른 이유를 물었더니 '화산이 폭발해서'라며 자신의 화나는 감정을 토설했다.

지혁이 부모는 상담하면서 나온 이야기를 상대 아이의 부모와 담임 선생님에게 말했고, 정중하게 상대 아이와 그 부모에게 다시 사과를 했다. 그 결과 학폭위는 열리지 않았다. 사건은 그렇게 마무리되었지만, 지혁이의 분노 조절이 잘 안 되는 부분은 추후에 비슷한 일이 생길 경우 문제가 될 수 있어 상담을 통해 조절해나가기로 했다.

상담을 하면서 지혁이는 평소에 엄마와 아빠가 싸움이 잦다면서 화가 나면 물불을 가리지 않고 잔소리를 하고 소리를 지르는 엄마가 무섭다고 했다. 부모가 무서워서 말도 못 하고 위축된 아이는 밖에서 따돌림의 대상이 되기 쉽고, 자기보다 약한 아이에게 화를 폭발할 가능성이 많다. 먼저 부모가 싸우고 화내는 것을 줄이도록 부탁을 하고, 아이에게는 '적절하게 화내는 것', 즉 주장하기를 키워주었다.

학교폭력을 해결하는 과정에서 학교 교사나 부모가 놓치기 쉬운 점은 피해자 아이의 이야기만 듣고 가해자 아이를 벌주면 가해자 아이의 마음에 억울함이 남을 수 있다는 사실이다. 또한 아직 성장기에 있는 아이들을 가해자와 피해자로 낙인찍는 것도 이런 문제들이 긍정적으로 해결되지 못하고 난투극처럼 서로에게 상처를 남기고 끝나게 하는 이유가 된다.

피해자와 그 부모의 고통 앞에 무조건 "잘못했다", "이번만 봐달라"는 식으로 위기를 모면하려는 자세는 피해자 부모의 마음을 더 상하게 한다. 잘못한 것은 인정하고, 그다음에 근본 문제를 풀어가는 것이 학교폭력을 해결하는 가장 빠른 길이다.

3장

까칠한 십 대의
마음을 열어줄 부모의 습관

✤ 가족의 기본욕구 강도를
   활용하자

'공부도 외모도 1등을 해야 한다'는 생각에 지석이는 늘 경쟁하는 마음으로 산다. 자기가 하고 싶은 대로만 하고, 부모가 한마디 하면 간섭한다며 짜증을 낸다. 동생이 덤벼도 버릇없다고 혼내고, 상대가 누구든 한 치도 양보하지 않는다.

지웅이는 게임과 놀이공원에 가는 것을 제일 좋아한다.

형처럼 공부를 잘하고 싶은 마음도 있지만 공부보다 노는 게 더 좋다. 집에서 형의 존재감이 커서 자신은 아무것도 아닌 것 같지만, 형에게 사랑을 빼앗길까봐 엄마 아빠에게 애교도 부리며 관심을 끌고 있다.

욕구가 채워져야 하고 싶은 것이 생긴다

심리학자 글래서William Glasser는 사람에게는 다섯 가지 기본욕구가 있는데, 기본욕구가 채워져야 무언가 할 힘이 생긴다고 말한다.

다섯 가지 기본욕구는 사랑love/belonging, 힘power, 자유freedom, 즐거움pleasure/fun, 생존survival이다.

지석이와 지웅이는 둘 다 사랑의 욕구가 강해서 부모 사랑도 독차지하고 싶어한다. 관심을 더 받고 싶고, 늘 사랑에 목말라 한다. 이런 아이들은 사랑을 충분히 받아야 공부든 무엇이든 할 힘이 생긴다. 사랑의 욕구가 많은 아이들을 대할 때는 편애하지 않도록 조심하고 따뜻하고 자상하게 대해주어야 한다.

사랑의 욕구가 강한 아이들은 '사랑한다', '예쁘다'는 말을 좋아하고, 힘의 욕구가 강한 아이들은 '잘했다'고 칭찬할 때 더 좋아한다. 힘의 욕구까지 강한 지석이는 공격적으로 돈을 벌어 부자가 되거나 사회적 지위가 생기는 일을 선호한다. 보편적으로 사랑의 욕구와 힘의 욕구는 겹쳐지는 면이 많다. 잘하는 모습을 통해 부모나 주변 사람들로부터 인정받으려는 아이는 사랑받고 싶은 마음도 있다고 보면 된다.

지석이는 자유 욕구도 강해서 엄격한 규율이나 통제적인 분위기를 못 견뎌 한다. 일탈의 긍정적인 면을 이해해주고 융통성 있게 대해주지 않으면 답답해한다. 지웅이처럼 즐거움의 욕구가 강한 아이는 호기심이 많고, 재미있는 일에 관심이 많다.

그러나 지석이와 지웅이처럼 아이들은 보편적으로 생존의 욕구가 약하다. 그러니 최소한 사춘기부터는 운동하는 습관을 길러주어 자기 몸을 스스로 챙기고, 용돈은 범위 내에서 쓰고 저축하는 경제 개념을 심어주어야 한다.

추구하는 욕구에 따라 행동의 이유가 달라진다. 예를 들어, 같은 운동이라도 사랑의 욕구가 강한 아이들은 친구들을 만나는 재미로 운동을 한다. 이런 아이는 친구들과 함께 할 수 있는 운동을 골라 흥미를 갖게 하는 것이 효과적이다. 힘의 욕구가 강한 아이는 이기는 재미로 운동을 하기 때문에 목표를 설정해주거나 경쟁 상황을 만들어주면 좋다.

욕구의 강도를 잘 활용하면
서로 도움을 주고받을 수 있다

부모와 아이의 욕구 강도가 유사하면 서로를 잘 이해한다. 그러나 욕구 강도가 서로 다르면 그 차이로 인해 갈등도 생기지만 서로 보완하는 기능도 있다.

가족의 욕구 강도 프로파일을 그래프로 그려보면 숨겨진 마음을 한눈에 들여다볼 수 있고, 가족의 욕구 강도를 비교함으로써 서로의 욕구를 채워주고 부족한 점을 보완해나갈 수 있다. 물론 욕구 강도는 조절할 수 있지만, 천성이기 때문에 욕구 강도의 순서는 잘 바뀌지 않는다.

욕구 강도가 서로 다를 때는 자기가 못하는 것을 상대방이 가지고 있으면 동경의 대상이 될 수 있고, 대리만족을 할 수도 있다. 또한 서로의 욕구 강도가 다르다고 비난하지 않고 강점으로 보면 갈등 대신 우호적인 관계를 유지할 수 있다.

지웅이처럼 즐거움의 욕구가 많아 노는 것을 좋아하는 아이에겐 "왜 놀려고만 하니?"라고 야단치지 않고 쾌활한 성격을 칭찬해주면 신이 나서 뭔가 하려는 마음이 생긴다.

그러니 아이의 욕구 강도를 자극해 동기 부여를 해주자. 선택이론의 창시자인 글래서William Glasser의 이론에 근거한 욕구 강도를 알아보는 체크리스트 30문항이 있다. 이 가운데 대표적인 몇 문항을 소개하니(곽소현, 가정관리학회, 2007) 우선 부모와 자녀의 욕구 강도를 체크해보자.

욕구 강도 체크리스트

기본욕구	문항	1 전혀 그렇지 않다	2 대체로 그렇지 않다	3 보통 이다	4 대체로 그렇다	5 매우 그렇다
사랑/소속의 욕구	사람들과 함께 있는 것이 좋다.					
	사람들과 관계 맺는 것이 좋다.					
힘의 욕구	어떤 집단에서든지 지도자가 되고 싶다.					
	나의 능력을 인정받고 싶다.					
자유의 욕구	누가 뭐라고 해도 내 방식대로 산다.					
	어딘가에 구속받는 느낌이 싫다.					
즐거움/재미의 욕구	재미를 느끼는 일이 생기면 중요한 할 일도 잊어버린다.					
	해야 할 일을 잊고 놀이에 빠질 때가 있다.					
생존의 욕구	몸에 해로운 일은 하지 않으려고 노력한다.					
	필요한 것이 있어도 절약하면서 산다.					

채점 방법 기본욕구별로 점수를 합계 낸 뒤에 문항 수(2)로 나누면 각 기본욕구 강도의 점수가 나온다.

가족의 욕구 강도 프로파일 예시

———

지석이네 가족의 욕구 강도를 비교해보면, 힘의 욕구가 강한 아빠는
자녀에 대한 기대가 높고 통제하려 한다. 지석이가 공부를 잘해서 인정

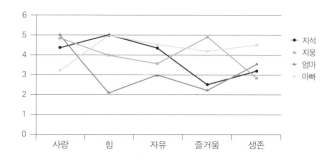

해주면서도 둘 다 힘의 욕구가 많아 잘 부딪힌다. 엄마는 사랑의 욕구가 높아 공감을 잘해준다. 반면에 아빠는 공감력이 많이 떨어진다. 즐거움의 욕구가 낮은 엄마는 아빠나 지웅이가 노는 것을 좋아한다며 이해를 못 한다. 생존의 욕구가 높은 아빠는 엄마나 아이들이 돈을 아껴 쓰지 않는다며 잔소리를 많이 한다.

이 가족은 각자의 성향을 인정해주는 것이 시급하다. 아빠는 아이들에 대한 기대 수준을 낮추고 통제만 덜 해도 좋은 아빠가 될 수 있다. 아빠에게 갑자기 공감 능력이 높아지는 것을 기대하는 것은 어려울 수 있다. 그보다는 차라리 사랑의 욕구가 높고 공감 능력이 있는 엄마가 아이들의 정서를 보듬어주는 역할을 하고, 즐거움의 욕구가 많은 아빠가 자녀들과 놀아주거나 함께 공부하는 식으로 역할을 분담하는 것도 좋은 방법이 될 수 있다.

다중지능을 파악해
도전하도록 격려하자

준범이는 어릴 때는 자전거를 탔고 지금은 아이스하키를 즐긴다. 특별히 운동신경이 발달했거나 타고난 것은 아닌데 아이스하키가 좋아서 매주 두세 번은 규칙적으로 하다 보니 7년째 하고 있고, 실력도 거의 수준급이 됐다. 정식 강습은 6개월밖에 받지 않았는데 틈날 때마다 아이스링크에 가서 잘하는 형들이나 친구들에게 배우고 가르쳐주기도 하면서 실력이 향상되었다. 코치들에게 밝게 웃으며 인사도 잘해서 귀여움을 독차지하고 있다.

내 아이의 탁월한 지능의 발견
—

준범이 부모는 아이가 좋아하는 운동을 하도록 허용해주고 있다. 아이가 재미를 느껴 계속 하다 보니 이제는 수준급이 되었다. 운동을 계기로 친구도 사귀고 주변 사람들로부터 귀여움을 독차지해 대인관계 능력까지 향상되었다.

보통 언어지능이나 수학지능을 높여 학교 성적을 높이려는 부모들이 많다. 하지만 이러한 욕심은 아이들을 좌절시킨다. 부모가 세운 목표를 따라가는 아이들은 자신의 감정을 억압하게 되고, 결국 자신이 정말 원하는 것이 무엇이고 무엇을 해야 행복한지 모른 채 성장하게 된다. 지인 중에는 부모 뜻대로 이과 대학에 가고 대학원을 졸업한 뒤에 유수의 연구소 교수까지 되었지만, 중간에 전공을 바꾸지 못한 것을 후회하는 사람도 있다.

가드너Howard Gardner의 다중지능이론(1997)에서는 언어, 공간, 신체운동, 논리수학, 음악, 인간친화, 자기성찰, 자연친화라는 8개 지능 중에서 아이마다 특히 발달한 영역이 있다고 보았다. 좋아하는 것을 보면 아이가 무엇에 도전할 때 성공적인 경험을 할지 짐작할 수 있다. 말이나 글쓰기를 잘하고 어휘력이 좋은 아이는 언어지능이 높다. 만들기와 그림 그리기, 외모나 방 꾸미기를 좋아하는 아이는 공간지능이 높다. 운동을 좋아하고 춤이나 몸을 통해 감정 표현하기를 좋아하는 아이는 신체운동지능이 높다. 숫자를 좋아하고 실험하고 검증하는 것을 좋아하는 아이는 논리수학지능이 높다. 음악 감상이나 악기 연주를 좋아하는 아이는 음악지능이 높다.

주변에 좋아하는 친구가 많고 다른 사람의 고민을 잘 들어주는 아이는 인간친화지능이 높다. 종교성이 강하고 자신의 심리를 잘 파악하는 직관력이 있는 아이는 자기성찰지능이 높다. 자연, 동물, 식물을 좋아하고 잘 기르는 아이는 자연친화지능이 높다.

이처럼 아이의 다중지능을 알면 어떤 것에 도전할지에 대한 방향성이 생긴다. 다중지능은 검사를 통해 알 수 있지만, 다음과 같은 간단한 질문을 통해서도 알 수 있다.

"무인도에 가게 되었다. 아래 8가지 중에서 하나만 가지고 갈 수 있다면 무엇을 가지고 가겠는가?"

① 책　②그림　③운동기구　④수학
⑤음악, 악기　⑥사람　⑦종교, 미래　⑧식물, 동물

아이와 함께 8가지 항목 중에서 꼭 무인도에 가지고 가고 싶은 것을 골라보자. 고른 항목에 따라 8개의 지능 중에서 뛰어난 지능이 무엇인지 알 수 있다.

① 책: 언어지능　② 그림: 공간지능
③ 운동기구: 신체운동지능　④ 수학: 논리수학지능
⑤ 음악, 악기: 음악지능　⑥ 사람: 인간친화지능
⑦ 종교, 미래: 자기성찰지능　⑧ 식물, 동물: 자연친화지능

아이의 호기심을 인정해주자

———

타고난 능력과 좋아하는 것이 일치하는 경우도 있지만 아닌 경우도 많다. 좋아하는 것은 계속 하게 되므로 발전하기도 하지만, 특출하게 타고난 능력이 있어도 지속적으로 연습하지 않으면 타고난 재능도 충분히 발휘되지 않는다.

언어지능을 높여주고 싶다면 부모가 어릴 때부터 책을 좋아하는 집안 분위기를 만들어주면 된다. 일본 작가 무라카미 하루키村上春樹는 책을 가까이 할 수 있는 분위기에서 자라났고 부모가 책을 좋아해서 집에 책이 많았다고 한다. 작가가 되라고 부모가 강요한 적은 없지만 자연스럽게 작가가 된 것이다. 재즈카페를 운영하고, 아마추어 마라토너로 체력을 다지며 외국어 몇 개쯤 취미 삼아 하는 하루키는 해외 이곳저곳에서 몇 년씩 머물며 삶을 즐기는 것이 작가로서의 수명을 늘리는 방법이라고 생각하고 있다. 외동아들인 그를 어려서부터 부모가 열린 사고로 키우지 않았다면 불가능했을 일이다. 언어지능이 높은 것은 사실이지만 다중지능이 얽혀 그의 독특성이 나오는 것이다.

자기성찰지능이 높은 아이는 자신과 타인에 대해 객관적으로 평가하는 능력이 있어 효과적으로 재능을 발휘한다. 하지만 자신에 대한 확신이 강해 다른 사람들과 타협하는 데 서툴다. 이런 부분을 보완한다면 앞날을 예측하기 힘든 시대에 타고난 예지력을 가지고 자신의 능력을 잘 키워나갈 수 있게 된다.

음악지능과 신체운동지능이 높은 스트라빈스키Igor Stravinsky는 음악은 몸짓과 동화되어야 한다고 했다. 그는 연주는 발레의 한 부분이며, 음악지능을 높이는 것은 몸과 연결하는 교육이 효과적이라고 했다(《지능이란 무엇인가?》, 김동일 역, 2016).

"하고 싶은 것은 많다면서 노력은 안 한다"고 잔소리하기보다는 아이의 호기심을 인정해주자. 환경이나 자연에 관심이 많은 아이는 자연친화지능이 높은 아이다. 분리수거, 일회용품 사용 줄이기로 환경문제에 관심을 갖도록 해주면서 자부심을 심어주는 방식으로 접근하면 좋다. 환경일지를 쓰도록 격려해 소책자로 인쇄를 해주면 학생 저자가 되는 것이다.

생각이 깊고 우수에 차 있는 아이에게는 "애답지 않게 왜 그렇게 우울해? 나가서 친구들하고도 좀 어울려"라는 말이 한 대 맞는 것보다 더 아프다. 마음이 여리고 섬세한 자기성찰지능이 높은 아이에게는 좋은 명상집을 소개하고 따뜻한 말로 어루만져주면 마음에 치유가 일어난다.

아이들이 좋아하는 것과 잘하는 것은 다를 수 있다. 둘 중에 어느 것을 밀어주어야 할까? IQ(지능)는 잘하는 것을 말한다. 지능은 학교 성적에 반영된다고 보면 된다. 수학을 잘하는 아이는 수리력이 높다. 말하기, 읽기, 쓰기를 잘하는 아이는 어휘력이나 언어력이 좋다. 하지만 못하는 과목을 집중적으로 가르치면 그 과목의 점수가 올라가는 경우도 많다. 그런 점에서 IQ는 타고난 것만으로 볼 수는 없다.

타고난 것, 즉 좋아하는 것을 키워주면 된다. 능력이 부족해도 좋아하면 끈질기게 오래 할 수 있다. 아이가 최소한 중학교를 졸업하기 전에 인생의 방향을 잡으면 자기확신과 유능감으로 삶이 즐겁고 행복할 것이다. 꿈이 없어 맥 빠져 있는 아이가 아니라 조금 부족해도 좋아하는 것을 하다 보면 자연스럽게 자기 분야의 전문가가 되고 경쟁력이 생길 것이다.

다양한 호기심을
한 방향으로 모아주자

기범이는 호기심이 많아 다양한 분야에 관심을 갖는다. 하나를 하다가도 다른 것에 흥미를 잘 느낀다. 운동만 해도 야구, 축구를 비롯한 구기 종목을 좋아하고, 축구는 학교 대표선수로 출전하기도 했다. 책을 좋아하고 상상력과 아이디어를 글로 표현하는 것을 잘해서 다독상이나 글짓기상을 받기도 했다.

그것까지는 좋은데, 숙제를 하면서 꾸벅꾸벅 졸거나 지갑이나 준비물을 놓고 다니는 일이 잦고, 집에 있을 때는 냉장고 문을 열었다 닫았다 한다. 그래서 기범이의 엄마 아빠는 걱정이 크다.

"몇 개만 해라, 하나라도 제대로 하든지."

부모는 기범이가 여러 가지에 흥미를 보이는 것이 신경 쓰이고, 점점 산만해지는 것 같아 걱정이 된다.

우리 아이는 고슴도치일까, 여우일까?

도전하는 힘은 단순한 데서 나온다. 기범이는 열정이 많은 아이다. 즐겁고 새로운 아이디어를 생각해내고, 다양한 분야에 호기심이 많고, 하고 싶은 것은 다해야 하고, 늘 새로운 것을 기대한다. 그러나 하는 것이 많다 보니 몸은 움직여도 감정적으로 힘들고 집중력이 떨어지는 게 사실이다.

우리 아이들이 살아갈 세상은 복합성을 요구하는 시대가 될 것이다. 다양한 문화 속에서 다양한 역할을 소화해야 하는 세상 말이다. 그러나 남이 한다고 다 따라할 필요는 없고, 흥미를 느낀다고 다 할 수도 없다. 재능이든 친구 관계든 가지치기를 할 수 있어야 자신의 능력을 제대로 발휘할 수 있다.

도전하는 힘은 산만하고 여유가 없는 생활보다는 단순한 데서 나온다. 철학자 벌린Isaiah Berlin은 《고슴도치와 여우》(강주헌 역, 2010)라는 저서에서 이 시대에 고슴도치와 여우 중 누가 리더로 남게 될 것인지를 묻는다. 고슴도치는 자신이 좋아하고 잘하는 것 하나를 선택해서 몰입하는 유형이고, 여우는 다양한 것에 호기심을 갖고 새로운 것을 끊임없이 시도하는 유형이다. 복합성이라는 특성을 고려하면 여우처럼 살아야 하지만, 호기심을 행동으로 옮기려면 고슴도치처럼 자신이 감당할 수 있는 것을 작은 단위로 쪼개서 몰입해야 한다.

가지치기와 접붙이기로 집중하라

호기심과 열정이 많은 사람일수록 늘 하던 방식이나 단순한 것을 못 견뎌하는 단점이 있다. 상상력이 풍부하기 때문에 독창적인 시각으로 새로운 것을 시도하지만, 한두 가지에 집중하지 않으면 아무것도 이루지 못한다.

다재다능하더라도 한 분야에서 전문가로 성장하려면 가지치기가 필요하다. 한두 가지 분야에 집중하지 않고 여러 분야로 에너지를 분산하면 시간이나 노력의 양이 턱없이 부족하기 때문이다. 욕심을 다 채우려 하니 몸을 혹사하게 되고, 새로운 것에 관심을 가져야 하니 이미 해놓은 성과나 업적은 밀쳐놓기 쉽다.

다양한 흥미와 관심으로 쉴 틈이 없는 아이에게 필요한 말은 "한 가지 일에 집중하라"이다. 남들이 생각하지 못한 놀라운 상상을 구체화하기 위해 자기만의 시간을 가지도록 기회를 주고, 아이가 부족한 점을 보완하면서 완성도를 높여가도록 가끔 채찍질을 해주어야 한다.

법학자였던 칸딘스키Wassily Kandinsky는 모네의 그림에서 영감을 얻어 어느 날 화가로 전향한다. 법학, 피아노 연주, 클래식 감상에 조예가 깊었지만 그것들을 버리고 결국 화가의 길을 선택한 것이다. 그리고 자신의 다양한 성향과 지식, 호기심을 융합해서 추상화의 창시자가 된다. 그의 그림을 보면 마치 경쾌한 음악이 화폭에서 튀어나올 것만 같다. 그림 제목을 <즉흥>과 같은 음악 용어로 붙이는 것은 결코 우연이 아니다.

'가지치기'는 자신의 지식과 정보를 버리지 않고 융합시키는 것이다. 자신이 가장 잘하는 것을 기둥으로 삼고 나머지를 그 기둥에 접붙이는 식이다. 다재다능한 아이의 능력 중에서 가장 잘하는 것을 1순위로 두고, 취미나 좋아하는 것을 그것에 녹아들게 해준다면 새로운 무언가를 창조해내는 성과를 얻게 될 것이다.

✤ 작은 목표부터
   이루도록 격려하자

수민이 방은 폭풍을 맞은 것 같다. 옷이 침대 위에 가득하고, 머리는 아무 데서나 빗어 머리카락이 여기저기 흩날린다. 휴일이면 늘어져 자다가 점심때가 다 되어 일어나서는 살찐다며 식사를 거르고 오후 늦게 엄마를 졸라 피자 한 판을 거뜬히 해치운다. 그러고는 피자 때문에 살찐다며 온갖 짜증을 내다가 게임을 신나게 한다.

수민이 엄마는 휴일을 그렇게 보내는 수민이가 너무나 한심하다. 어쩌다 "이런 딸을 둔 나도 불쌍하지"라는 말이 한숨과 함께 절로 나온다. 그러면 수민이는 "방도 치우고, 머리도 화장실에서 빗고, 다이어트도 할 거야. 두고 봐, 나도 할 수 있다고!"라며 큰소리를 치지만 이런 결심은 며칠 가지 못한다. 수민이 엄마는 기분이 나쁠 때면 "네 방 꼴 좀 봐, 돼지우리야! 내 딸이라는 게 창피해"라고 인격모독적인 말까지 하고 만다.

아이는 인정받지 못하면 부모에게 반항한다

——

수민이 엄마와 수민이는 상담하는 내내 자신의 주장을 굽히지 않았다.

엄마 : "잔소리해도 그때뿐이에요. 아이 방만 보면 화부터 올라와요."
수민 : "나도 아는데 안 되는 걸 어떻게 해. 엄마가 자꾸 다그치니까 더 짜증난다고."

이렇게 입장이 다른 배경은 무엇일까? 문제는, 엄마는 '아이가 인내심이 없는 게 문제'라고 생각하고, 아이는 '야단치는 엄마가 문제'라고 생각하는 것이다. 자기는 잘못한 게 없다는 책임 회피는 아이나 엄마나 마찬가지이다.

실수가 적고 인내심이 강한 부모일수록 자기 할 일을 제대로 하지 못하는 아이를 못마땅해한다. 아이에 대한 불만이 쌓여 화를 내면서 야단치다가 결국 인격적으로 비난까지 하는데 그러면 아이도 욱한다. 엄마는 "나는 할 만큼 했다"고 하고, 아이는 "엄마 잔소리가 죽기보다 싫다"며 자기주장만 하니 타협점 없이 감정싸움만 계속된다. 엄마가 "왜 그걸 못 해? 뭐가 어렵다고"라고 비난하면 아이는 소리를 지르며 짜증을 낸다. 그러나 아이는 마음속으로 '나는 할 수 없어', '잘해낼 수 없을 거야'라는 생각을 차곡차곡 쌓으며 주눅이 든다. 그런 마음을 감추기 위해 더 반항을 거세게 하는 것이다.

아이가 처음부터 잘하면 좋겠지만 제대로 하지 못했을 때 부모가 어떤 태도를 보이느냐에 따라 관계가 틀어지기도 하고 신뢰를 쌓을 수도 있다. "너는 할 수 있어", "너는 괜찮은 아이야"라는 긍정적인 암시나 말에 아이는 '무엇인가 시도하고 싶은 마음'이 생긴다. "방 치우고, 밥 제때 먹고, 게임을 줄이는 것을 한꺼번에 고치려니 어렵지?"라고 공감만 해줘도 아이는 용기를 얻는다. 그렇게 해서 아이의 마음이 풀어지면 "지금처럼 살지, 습관을 고쳐볼지는 네가 결정해"라고 행동에 대한 책임을 물어야 한다.

아이는 부모에게 인정받지 못하면 어린아이처럼 굴거나 자신이 없으니 아무것도 시도하지 않고 회피하는 아이가 되기도 한다. 부모가 세게 나갈수록 맞설 힘이 없는 아이는 겉으로는 착하고 문제를 일으키지 않는 모범생처럼 행동하겠지만 속으로는 '나를 움직여보겠다고? 마음대로 해보시지'라며 수동공격적인 성향을 보인다.

수동공격적인 성향이 있으면 겉으로는 부모의 뜻에 맞추는 것처럼 보이지만 속으로는 불만을 품고 있는 경우가 많다. 대답은 "예, 알았어요"라고 말하면서 문을 쾅 닫고 방에 들어가 나오지 않으면서 수동적으로 자신의 감정을 표현하는 것이 대표적인 예이다. 이런 상황이 계속되면 아이도 자신을 혐오스럽게 생각하고 무기력해지기 쉽다.

작심삼일은 칭찬해줄 일이다

친구들이 사춘기를 겪을 때는 조용하다가 뒤늦게 사춘기를 겪는 아이들을 종종 만난다. 원하는 학교에 입학하고 나서 목표를 달성했다는 안도감에 긴장이 풀리면 눌러뒀던 감정이 올라오는 것이다. 늦은 사춘기가 지독히 오면 학교를 자퇴하기도 하고 부모의 뜻과는 반대로 행동하기도 한다. 그러면 부모들은 속수무책이 된다. 한 학기를 남겨두고 자퇴를 해버리면 황당할 수밖에 없다. '다 된 밥에 재 뿌리는 격'이다.

"우리 아이가 이럴 줄 상상도 못 했어요. 얼마나 착한 아이였는데요"라고 말하며 눈물을 보이는 부모들은 이미 속이 시커멓다.

아무리 생각해도 아니다 싶어서 "학교에 다니는 게 별 의미 없고 만족스럽지 못해도 용기를 갖고 다시 시작하자"고 아이를 격려하려고 애쓴다. 부모의 설득에 아이가 '내 마음을 알아주는 사람 하나만 있음 돼'라고 생각하며 엄마나 아빠를 떠올린다면 일단 성공이다.

아이들은 감정이 편해지면 행동을 시작한다. 기분이 좋아지면 삶의 의욕이 생기기 때문이다. 무엇을 해도 재미없던 아이가 무언가 해보고 싶은 일이 생겼다고 말하고, 집 안에만 틀어박혀 게임만 하던 아이가 운동을 하겠다고 나가서 자전거를 타고 친구 집에 놀러가기도 한다. 공부를 해보겠다고 학원에 등록해 달라고도 한다. 이런 아이의 모습에 처음에는 '예전처럼 작심삼일이겠지' 하고 생각될 것이다.

실제로 우리 뇌는 작심삼일을 좋아한다. 생태학적으로 원래 상태로 돌아가려는 항상성이 작용하기 때문이다. 항상성은 고무줄을 잡아당기면 다시 제자리로 돌아가려는 탄성의 법칙과 같은 것이다. 뇌는 '공부를 해야겠다', '운동을 해야겠다', '게임은 그만해야지' 결심을 해도 익숙한 패턴으로 돌아가려는 시스템이 우리 몸속에서 작동하고 있어서 3일을 넘기기 어려운 것이다. 그러니 아이가 무언가 새로운 것을 시도해서 일단 3일만 잘 버티면 "잘했다"고 칭찬하고 용기를 주자. 작심삼일을 극복하려면 장기간의 목표를 단기로 끊어서 하는 것도 방법이다.

아이가 무엇을 해도 끝을 맺지 못하면 목표가 적당한지, 수준은 맞는지를 점검해야 한다. 마음이 조급해도 목표는 아이와 의논해서 정하고, "엄마 아빠도 네가 잘하는지 지켜봐줄 거야. 너도 생활습관을 바꿔볼 거지?" 하고 다시 한 번 확인하는 것이 좋다.

무언가를 시작할 때 아이의 의견을 들어주고 선택권을 주고 결과에 대한 예측을 말해주는 것까지가 부모가 할 일이다. 그다음은 아이가 움직여줘야 한다. 부모가 먼저 충분히 아이를 기다려주고 믿어주면 아이는 작심삼일에서 벗어나 한 발씩 자신을 책임지게 될 것이다.

✦ 아이 마음속에 숨은
재능을 발견하자

"뭐가 되려고 저러는지, 감당이 안 돼요."

엄마는 세프가 되고 싶다며 공부는 안 하고 요리만 하려는 소은이와 날마다 실랑이를 벌인다. 중학생이 되면서 부쩍 스파게티, 튀김, 덮밥, 스테이크까지 시간만 나면 만들어서 사진 찍어 블로그에 올리느라 시간을 다 쓴다. 부엌은 아수라장이 되고, 밤늦게까지 안 자고 아침마다 늦잠을 자니 학교에 지각하기 일쑤다. 소리 지르며 화도 내봤지만 소용이 없다. 2~3년을 그렇게 보내다가 이젠 두 손 두 발 다 든 상태다.

아이의 재능은 사춘기에 폭발한다
—

소은이 엄마는 아이가 조용하게 공부나 하면서 커주기를 바랐는데

요리에 관심을 보이고 블로그를 한다며 부엌을 어지럽히는 것을 보니 심란하다. 마음에 들지 않아 못 하게 하고 야단도 쳐봤지만 소용이 없어 이젠 부엌 한구석을 작은 스튜디오처럼 꾸며주었다. 작은 LED 조명과 반사경도 달아주었다. 그 날부터 모녀간의 싸움도 끝이 났다.

"소은이 때문에 아빠한테 잔소리도 많이 들었어요. 애 하나 못 잡고 허구한 날 싸운다고요. 그러면 아이는 '제발 그만두세요. 안 하면 될 거 아네요' 하며 울고불고 난리를 치다가도 며칠 못 가 다시 거울을 보고 생쇼를 해요. 언제 그랬냐는 듯 엄마에게 애교도 부려요."

너무나 평범해 보이는 아이도 부모가 모르는 재능이 숨어 있는 경우가 많다. 어릴 때는 부모의 눈치를 보고 꾹꾹 참고 있다가 사춘기가 되면서 그 재능을 표현한다.

"이 스파게티에 어울릴 만한 소스 좀 만들어주세요. 빨리 사진 찍어 블로그에 올려야 된단 말예요."

이때 못 이기는 척 아이를 도와주면 아이는 더욱 의욕적이 된다.

그런데 아이의 숨은 재능을 어떻게 알아볼 수 있을까? 바로, 아이가 힘들어도 하고 싶어 안달나는 것이 타고난 재능이다. 소은이 부모처럼 뒤늦게나마 아이가 하고 싶은 것을 하게 해주면 감춰진 재능을 찾아낼 수 있다. 1년이 지난 지금 소은이는 하루 방문객 수가 200~300명이나 되는 개인 블로그를 운영하고 있다.

공부로 서열을 매기는 시대이기에 공부를 못하면 희망이 없는 것처럼 생각하고 들러리나 서는 아이로 제쳐놓는다. 어떻게 키워야 잘 키우는 것인지를 고민하다가도 다른 집 아이가 저만치 앞서 나가는 것을 보면 일단은 따라잡으라고 내 아이를 닦달한다.

명예나 성취로 행복을 느끼는 아이가 있고, 그럭저럭 편하고 즐겁게 사는 것이 좋은 아이도 있다. 프로이트Sigmund Freud에 의하면 이런 차이는 5~6세 남근기에 부모를 보며 형성된다고 한다. 사회적으로 성공한 부모를 보면서 아이는 '부모처럼 성공해야만 한다'는 자아상을 만들어 간다. 사회적으로 유명하거나 부자는 아니지만 '즐겁게 사는 부모'를 보며 자란 아이는 '행복을 찾는 사람'이 자아상이 된다.

공부나 일을 좋아하는 아이는 초자아가 발달한 아이이다. 어렸을 때부터 부모의 기대가 컸을 것이고 그 기대에 순응해왔기 때문에 몸이 익힌 대로 인정받으며 살아간다. 반면에 친구들과 맛있는 것을 사먹고 음악도 듣고, 누가 인정해주지 않지만 자기만의 세계를 즐길 줄 아는 아이는 감성이 풍부하다. '성취하며 사는 아이'이든 '즐기며 사는 아이'이든 부모가 만들어가는 것이다. 성취하며 사는 아이에게 "공부 좀 그만하고 놀아"라고 하는 것이나, 즐겁게 사는 아이에게 "제발 공부 좀 해"라고 하는 것은 모두 부모 자신의 불안을 해결하려는 욕구일 뿐이다.

방임보다 통제가 더 나쁘다
―

부모들은 아이가 지금 좋아하고 잘하는 것을 인정해주는 것을 왜 그렇게 어려워할까?

불안지수가 높은 부모일수록 그게 잘 안 된다. 자신의 감정을 속이거나 억압하고 아이를 통제하는 경우가 많다. '너를 위해 살지 말고 남을 위해 살라'고 주문하는 것이다. 그러나 아이에게 '나는 옳고 너는 틀리다'는 메시지를 계속 주게 되므로 아이는 비난받는 느낌을 받는다. 그러면 아이는 화가 쌓이고 불만스러운 아이로 자라며, '나는 틀리고 다른 사람은 옳다'는 도식으로 세상을 살아가기 때문에 늘 불행하다.

모든 아이는 각자 재능을 가지고 태어난다. 그것을 인정해주면 아이는 자신에게서 희망을 본다. 부모의 요구나 통제가 줄어들면 아이의 불안이나 화 같은 부정적인 감정들이 대폭 줄어든다. 그러면 힘든 일을 만나도 "이것쯤이야, 잘 해결될 거야"라고 긍정적으로 생각하고 결국 이겨낸다. 자라면서 저절로 되는 것이 아니라 어려서부터 훈련이 돼야 힘든 상황을 이겨내는 면역력이 생긴다.

소은이와 전쟁을 끝낸 엄마는 "이럴 줄 알았으면 진작 하라고 할걸" 후회도 하고, "이왕 하려면 열심히 해봐"라는 말로 아이의 기를 살려주고 있다. 아이의 감춰진 재능은 어느날 갑자기 어디서 툭 떨어지는 것이 아니다. 아이가 이미 갖고 있는 것을 찾는 것이 중요하다. 먼저 '이것은 된다, 저것은 안 된다'는 편견을 버려야 그것이 보인다.

사춘기 아이들에겐 방임보다 더 나쁜 것이 통제다. 감정을 숨기거나 억압하지 않아야 자기 색깔이 나온다. 힘들어도 힘든지 모르는 것, 그것을 즐기다 보면 아이의 재능이 뿜어져 나온다. 비난을 받고 통제를 당하면 아이의 에너지는 분산되어 자신이 좋아하는 것에 몰입하지 못하고 결국 재능도 드러나지 않는다. 그런 점에서 부모는 조급해하지 말고 느긋하게 기다려줄 줄 알아야 한다.

그러다가 공부를 안 하거나 잘못된 길로 들어설까 걱정하는 부모들도 있는데, 정말 해서는 안 되는 일이면 아이가 스스로 포기한다. 만약 아이에게 그런 일이 있을 때 기다렸다는 듯이 "내가 뭐랬니?", "공부하기 싫어서 딴 짓이나 하더니…"라고 계속 어깃장을 놓는 일은 없어야 한다. 아이에게는 "좋아하기는 하는데 능력에 한계가 있다는 것을 알았구나", "또 찾아보자"라는 한마디 격려가 필요하다.

이것저것 시도하다가 자신의 것을 찾아야 할 시기에 부모가 아이를 과잉보호하면서 답을 미리 줘버리면 스스로 해결하는 능력을 개발하지 못한다. 결핍과 좌절을 경험해야 단단해지고 상상력과 감성이 활성화된다. 실제로 의사, 학자, 시인, 음악가, 그 외의 어떤 직업이든 오랫동안 유지하는 사람들은 결핍과 좌절이라는 혹독한 훈련을 거쳤다.

부모의 눈엔 한심해 보여도 아이의 재능은 막지 말고 인정해주어야 한다. 그 과정에서 아이가 때로는 게으름도 피우고 좌절도 할 것이다. 그러면 잊지 말고 이렇게 조언하자.

"지루할 때나 그만두고 싶을 때도 있을 거야. 하지만 그 고비를 넘겨야 네가 원하는 것을 할 수 있지 않을까?"

✤ 바쁜 아이들,
멀티태스킹에 익숙해지게 하자

가끔 아플 때 빼고 은혁이는 태권도 학원에 빠지지 않는다. 태권도를 좋아하기 때문이다. 그런데 이제는 게임할 시간이 없는 게 더 속상하다. 태권도 끝나고 집에 와서 저녁을 먹으면 영어와 수학 학습지 방문교사가 다녀가고, 내일까지 해야 할 숙제를 하고 나면 잠자리에 들 시간이 된다.

초등학교 6학년인 은혁이는 학교 수업이 끝나고 집에 오면 간식을 먹으며 게임을 한다. 잠깐 하는 게임이지만 시간 가는 줄 모른다. 피곤하다고 태권도를 안 가면 안 되느냐고 엄마를 조르기도 했지만 그때마다 엄마의 목소리는 커진다.

우리 아이들은 어른보다 바쁘다

___

좀 더 쉬고 싶거나 게임을 하려는 아이와, 학원에 늦을까봐 걱정인 엄마 사이에 실랑이는 늘 있는 일이다. 아이를 다그치다가도 피곤해하거나 아플 때는 안쓰러운 마음에 학원 선생님에게 하루 빠지겠다고 연락한다.

어려서부터 해야 할 일이 많았는데, 사춘기가 되면 할 일은 줄어들지 않고 더 늘어난다. '한꺼번에 이것저것 처리하는 것'을 멀티태스킹 multitasking이라고 한다. 농경사회에서는 아침 일찍 일어나 저녁이 될 때까지 농사에만 매달리면 되었고, 성실이 가장 큰 덕목이었다. 비가 제때 내려주면 좋고 태풍과 같은 자연재해는 통제 밖의 일이었다. 그러나 정보화 사회와 인공지능 사회의 중간쯤에 걸쳐 살고 있는 우리 아이들은 은혁이처럼 할 일이 많다.

아이들에게 과중한 부담을 주어서는 안된다는 것을 부모들도 안다. 그래서 초등학교 저학년 때는 놀게 하고 그리 조급해하지 않는다. 그러나 고학년이 되면 공부 부담을 주며 멀티태스킹을 강요한다.

철학자 한병철은 《피로사회》(김태환 역, 문학과지성사, 2012)에서 멀티태스킹에 대해 문제 삼는 이유에 대해 '시간 및 주의 관리 기법은 문명의 진보를 뜻하지 않으며, 수렵사회에서 야생의 생존 전략'이라고 한다. 경쟁자를 의식하며 살아남기 위한 치열한 삶이 수렵사회의 생존 전략이라면 오늘날에는 필요 없다는 것일까?

어찌 보면 시간을 쪼개서 쓰면 쓸수록 모자라는 것이 시간이다. "빨리, 빨리"를 외치며 압축적 근대화로 선진국이 된 한국은 문명의 진보를 이루었는가라는 질문에 "그렇다"라고 선뜻 대답하기가 쉽지 않다. 빈부격차가 있음은 분명하지만 의식주를 비롯해서 학력, 집, 자동차, 직업, 문화활동은 진보를 이루었다. 그런데 UN의 '세계 행복 보고서'에 따르면 2019년 한국의 행복지수는 156개국 가운데 54위에 머물러있다. 세부적으로 부정적 정서(Negative affect, 45위)는 높은 반면, 긍정적 정서(Positive affect, 101위)는 매우 낮은 것으로 나타났다. IT 강국이지만 감정이 제 기능을 발휘못하니 행복지수가 바닥인 것이다. 분노 조절을 못 해 드러나는 각종 범죄는 신문의 사회면을 장식하기에 바쁘다.

그래서 요즘 '느림의 미학'을 거론하며 잃어버린 자신을 되찾고자 하는 사람들이 많아지고 있다. 느림, 내려놓기, 비우기를 통해 행복해지고 인간답게 살자는 것이다. 우리 아이들에게도 가능한 일일까?

멀티태스킹에 익숙해지려면 체력은 필수다

멀티태스킹이 되지 않는 가장 큰 이유는 완벽주의이다. 아이가 완벽한 수준이 아니면 다른 일을 시작하지 못하는 성향이라면 낭패다. 꼼꼼하게 처리해서 완성도를 높이는 것은 좋지만, 그 과정이 힘들고 두려워서 중간에 그만두는 것보다는 완벽하지 않아도 다음 단계의 일을 시도하는 편이 낫지 않을까? 불완전하지만 하나씩 끝맺음을 해나가는 아이로 만들어보자. 아이도 무엇을 시작하면 끝맺음을 해나가는 자신을 대견해할 것이고 부족함을 견디는 힘도 기르게 될 것이다.

우리는 멀티태스킹 시대를 살고 있다 해도 과언이 아니다. TV의 '다중 채널'과 '구간 설정' 기능으로 영화를 볼 수 있고, '다시 보기'도 가능하다. 컴퓨터 작업 역시 여러 창을 띄워놓고 동시다발적으로 일을 할 수 있다.

우리 아이들이 할 수 있는 최소한의 멀티태스킹을 생각해보자. 일상, 공부, 체력 유지를 위한 운동으로 나눌 수 있다. 초등학교 고학년이 되면서 사춘기가 시작되니 외모나 친구 관계에 관심이 많아지고 공부도 중요해지는 시기이다. 해야 할 것이 많아지니 체력이 뒷받침되지 않으면 버틸 수 없다.

일상생활 하나만 보더라도 몸 씻기, 옷 입고 단장하기, 음식 챙겨먹기, 잠자기 등 바쁘다. 거기에 미적, 예술적, 심리적, 문화적 요소까지 더해지면 더욱 확장된다. 친구들과 소통하기 위한 SNS 활동, 쇼핑이나 외식까지 포함되면 더 복잡해진다. 생명과 직결되고 삶의 질을 높이는 데 중요한 부분이므로 우선순위에서 밀리면 안 되는 부분이라는 것은 다 알고 있을 것이다.

멀티태스킹 시대에서 성공하는 관건은 어떻게 하면 덜 지치고 일의 완성도를 높이느냐에 달려 있다. 무엇보다 일상, 공부, 운동을 나이와 성격에 맞게 분배하는 것이 중요하다. 주변이 정리되고 몸이 단정해야 집중하는 성격이라면 일상생활에 시간을 많이 투자해야 한다. 주변이 흐트러져 있어도 신경을 쓰지 않는 성격이라면 바쁜 일이 끝난 후에 정리해도 된다.

사춘기 이후에 공부 분량이 많아질수록 운동 시간은 꼭 넣어주어야 한다. 체력이 약하면 공부를 버틸 수 없기 때문이다. 자칫 차분하고 꼼꼼한 아이들조차 산만해질 수 있으므로 해야 할 일의 우선순위를 정하고 덜 중요한 일은 미뤄두었다 하도록 지도하자. 혹은 반 정도만 해두었다가 완성해나가는 것도 방법이 될 수 있다.

✤ 기질이 다른 형제,
  각자의 길을 걷게 하자

은결이는 할 말을 솔직하게 하는 거침없는 아이이다. 가끔 두 살 터울 동생에게 양보를 하지 않아 엄마와 부딪힌다. 엄마는 은결이와 부딪힐 때마다 버겁다. 다행히 학교에서는 '자기고집이 있지만 못하는 것 없이 잘하고 있다'며 칭찬을 듣는다.

동생 은수는 성격이 순하고 엄마 심부름도 잘해서 예쁨을 받고 있다. 그런데 얼마 전에 학부모상담에서 "은수가 알림장을 쓸 때나 만들기 수업에서 다른 아이들보다 늦게 완성하거나 시간 내에 제출을 못 한다"는 얘기를 들었다. "모둠 발표 시간에도 나서서 발표하는 일이 거의 없고, 발표를 하더라도 목소리가 너무 작다"는 말까지 들은 은수 엄마는 얼마나 속이 상했는지 모른다.

긍정적인 면을 보면
아이들을 비교하지 않을 수 있다

엄마는 평소에 은결이에게 "동생처럼 제발 고분고분해라"라고 잔소리를 하고, 은결이는 그런 말을 들을 때마다 동생에게 비교당하는 것 같아서 싫다. 그런데 엄마가 학부모상담을 다녀온 날엔 상황이 정반대가 된다.

"형은 학교생활을 잘하는데 너는 왜 만날 느려 터져서 수업을 방해하고 그러니? 형처럼 빠릿빠릿해야지. 왜 발표는 자신 있게 못 하는 거야? 엄마는 정말 속상해."

엄마는 학부모상담만 갔다 오면 화가 치밀어 오르면서 두 아이가 달라도 너무 달라서 고민이다. 학교에서 은결이는 너무 강하고, 은수는 너무 풀이 죽어 있다. 둘을 반반씩 섞어놓고 싶을 때가 한두 번이 아니다. 엄마는 아이들이 가장 싫어하는 것이 비교와 편애인 줄 알면서도 한 번씩 일이 터지면 자꾸 비교하게 된다. 아이들도 엄마의 말 때문에 기분이 엉망이다. 은수는 "선생님이 일찍 걷어가는 걸 어떡해요. 내가 형인가 뭐"라며 평소에 안 하던 말대답을 한다. 은결이 역시 평소에 동생만 예뻐하는 엄마가 미워 동생에게 "너, 재수 없어. 사라져버려"라고 화풀이를 한다. 그런 말을 들으면 엄마는 뒷골이 당긴다.

"너는 말을 그렇게밖에 못 해? 동생에게 그게 무슨 말이야?"

상담을 하는 내내 엄마는 울상을 지었다.

"동생에게 관심을 다 빼앗길까봐 발버둥치는 큰아이의 심정을 제가 모를 리 없죠. 하지만 어떻게 대처해야 할지 막막할 때가 많아요."

엄마는 싸우는 아이들이 문제라 생각하지만, 사실은 아이들이 잘 커 줄까 하는 걱정과 불안감 때문에 편애를 하고 있었다.

"성격이 강한 큰아이는 집에서처럼 나가서도 다투고 문제를 일으키지 않을까 걱정이고, 소심한 둘째 아이는 위축될까봐 긱정이에요."

우산 장수 아들과 짚신 장수 아들을 둔 엄마가 늘 근심했다는 전래 동화 생각이 났다. 아이의 단점만 부각해서 보면 엄마는 매순간 걱정을 쌓으며 한없이 비관적이 될 수밖에 없다.

아이의 긍정적인 면을 볼 수 있는 엄마는 아이를 꿈꾸게 한다. 은결이 엄마의 경우 '큰아이는 자기주장과 표현을 잘하고 자신감이 있어서 리더가 될 거야. 둘째는 느리지만 꼼꼼하고 남을 잘 배려해서 사람들과 잘 지낼 거야'라고 생각을 바꾸면 불안하고 화났던 감정이 줄어들고 아이에게 하는 말이 달라진다.

"은결아, 너는 리더십이 있어."

이 말 한마디에 아이는 '음, 리더가 돼보는 거야' 하며 리더의 꿈을 키우게 된다. 둘째 아이에게도 "은수야, 넌 따뜻한 아이잖아"라고 말해주면 형에게 늘 위축되어 있던 마음이 펴지면서 인생의 큰 그림을 사춘기에 이미 그려나가게 된다. 형인 은결이는 '그렇다면 리더가 되기 위해 동생이 가끔 기어오르는 것쯤은 이해하자'라고 통 큰 형이 되기로 결심할 것이다. 동생 은수도 '내 속에 따뜻한 마음이 있으니까 괜찮아. 꼭 형처럼 될 필요는 없어'라고 생각하며 자신감을 얻게 된다. 그렇게 하고 나면 아이들은 비교당하면서 서로에게 빼앗겼던 에너지를 자기 자신에게로 돌리게 된다.

아이들을 꿈꾸게 만드는 말, '너는 너야'

형제 순위를 연구한 토만Walter Toman은 형제 순위에 따라 성격이 다르다고 말한다. 대개 맏이는 책임감이 강하고 돌보는 것을 잘하고, 부모와 선생님을 자신과 동일시해 어른들이 원하는 방향으로 행동하는 성향을 보인다고 한다. 둘째는 경쟁적이고 권위에 도전하는 성향이 강하다고 한다.

우리나라와 같이 가족 중심의 문화가 발달한 나라는 부모의 꿈을 자녀가 이어주기를 바라면서 아이들에게 부담을 주는 일이 많다. 가족 중에서 누구를 닮았고 형제 순위가 어떻게 되느냐에 따라 기대 수준도 달라진다. 그러나 생긴 대로 살아가는 것, 편견 없이 아이를 바라봐주는 것이 아이를 행동하게 하는 가장 큰 원동력이다.

키가 작으면 당당한 걸음걸이로, 목소리가 작으면 힘 있는 주장으로 자기의 꿈을 펼칠 수 있게 해주어야 한다. 아이가 고지식한 것이 아니라 기본에 충실한 것이고, 충동적인 것이 아니라 열려 있는 사고방식을 가졌다고 볼 수 있어야 한다. 잘생겨서, 공부 잘해서, 싹싹해서라는 이유로 다르게 대하지 말아야 한다. '몸이 약해서, 머리가 나빠서, 무뚝뚝해서, 융통성이 없어서'라는 열등해 보이는 특성도 다른 관점으로 보면 충분히 독특한 개성이 될 수 있다.

자신에 대한 확신을 심어주면 아이들은 흔들리지 않는다. 언니가 피아노학원을 다닌다고 해서 동생도 보내주는 것이 공평한 것은 아니다. 언니는 피아노를 좋아하지만 동생은 운동을 더 좋아하면 각자 좋아하는 것을 하게 하면 된다.

4장

까칠한 십 대
마음 달래주기 5단계

존중하는 태도로
대하라

아이를 '나다운 나'로 키우는 필수 요건

——

부모가 갖춰야 할 존중하는 태도는 아이의 감정, 사고, 행동을 판단하지 않고 그대로 받아들이는 것이다. 비난과 판단은 아이의 감정, 사고, 행동을 위축시킨다. 감정, 사고, 행동은 서로 연결되어 있기 때문에 감정을 무시하지 않고 존중해주면 사고와 행동의 기능도 같이 좋아진다.

부모의 말투가 아무리 부드럽고 친절해도 진심이 느껴지지 않으면 아이는 부모와 거리를 두게 되며, 부모가 소통은 빼놓은 채 훈육만 하면 아이는 비난과 지적을 당한다고 생각한다. 그러면 아이는 감정을 제대로 표현하지 못하고 위축되거나 화를 폭발하는 성격으로 굳어지기 쉽다. 그러므로 부모가 소통하지 않고 훈육만 하는 습관이 굳어진 데다

그러한 자신의 습관을 알아차리지 못하고 있다면 큰 낭패다.

예를 들어 "이런 상황에서 웃음이 나와?", "부족한 게 없는데 왜 외롭다는 거야?", "언제까지 자기연민에 빠져서 살래?"와 같은 말은 아이의 감정을 무시하는 태도로 아이가 외로움, 슬픔, 적대감, 분노 등과 같은 감정을 느끼게 한다. 그러므로 부모가 보기에 부족함이 없는 환경이라도 아이가 외로움을 느낀다면 비난할 것이 아니라 공감해주어야 한다. 존중은 같은 상황에서 '나와 다르게 느낄 수 있다'고 인정해주는 것이다.

자기연민이 나쁘다는 편견도 버려야 한다. 아이가 자기연민에 오랫동안 빠져 있으면 부모로서는 힘들 수 있다. 어리광을 부리는 것처럼 보일 수도 있고, 의존적인 아이가 되는 것은 아닌가 걱정도 될 것이다. 그러나 자기연민에 빠져 있다는 것은 아직 해결되지 못한 감정들과 싸우고 있는 것이다. 아이의 타고난 기질과 힘든 상황으로 인해 생기지만 어떤 면에서는 힘든 자신을 스스로 위로하며 자기와 싸움을 하고 있는 것이다. 그러니 "뭐가 그렇게 힘들다는 거야?", "당장 자기연민에서 빠져나와"라고 소리치고 싶은 마음을 누르고 아이가 스스로 해결할 수 있도록 지켜봐주어야 한다. 그것이 존중이다.

아이가 힘들어한다고 해서 부모가 대신 문제를 해결해주거나 쉽게 위로해주어선 안 된다. 때로는 모르는 척해주고, 힘들어도 혼자 일어설 수 있도록 기다려주어야 한다. 그래야 아이가 자유롭게 경험과 감정을 탐색해나가면서 스스로 해결 방법을 찾게 된다.

부모가 아이를 위한다는 핑계로 급한 마음으로 밀어붙이는 것은 도움이 되지 않는다. 부모의 생각이 아무리 옳아도 아이를 존중하는 마음이 빠져 있으면 역효과가 날 수 있다. 부모가 도와줘서 남들보다 일찍 성공한다 해도 자신의 색깔이 아닌 남의 인생을 사는 것이기 때문에 아이는 불행할 수밖에 없다. '바람직한 것'을 강요하기보다는 아이가 나다운 나를 찾도록 도와주자. 아이가 '나다운 나'로 성장하려면 부모의 존중은 필수다.

(TIP) 존중하는 태도 실천하기

아이의 잘못된 행동을 고치려는 조급한 마음을 버리고 아이를 이해하려고 하는 것이 존중의 시작이다. 이해되는 만큼만 "그랬구나", "힘들었구나"라고 반응해주고, 무슨 말인지 이해되지 않을 때는 다 알아들은 척 은근슬쩍 넘어가지 말고 다시 물어보라. 아이의 얘기를 성의껏 들어보려는 진지한 태도에서 아이의 닫혔던 마음 문이 열리고 관계의 틈새가 좁혀진다.

훈육을 하거나 "된다", "안 된다"라고 경계를 설정해주기 전에 '공감'을 해준다. 이 방법대로 하면 아이가 불안이나 까칠한 감정이 가라앉으면서 부모에게 반항을 하려다가도 참을 수 있고, 하기 싫은 일도 해낼 힘이 생긴다.

개방형 질문으로 아이의 말에 경청하자

존중받는 느낌이 없으면 아이는 무시나 학대를 받았다고 생각해 화를 내고 억울함을 호소하게 된다. 상황이 나아지지 않으면 점점 마음의 문을 닫게 되고, 심하면 반항성장애·충동조절장애와 같은 정서장애는 물론 학교 자퇴, 가출, 자해까지 시도한다. 그 단계까지 가지 않으려면 아이를 존중하며 대화하는 방법을 습득해야 한다.

부모가 아이를 존중하는 태도를 익히는 데는 생각보다 시간이 오래 걸린다. 아이가 계속 힘들게 하면 부모는 화가 날 것이고, 아이가 미워질 것이며, 심지어 '사라져줬으면 좋겠다'고 생각할 수도 있다. 그런 상태에서 '아이의 마음을 받아줘라', '아이를 사랑하라'고 요구하면 부모들은 힘들어한다.

감정까지 온전히 아이를 수용하려면 시간이 더 많이 걸린다. 감정으로는 아직 수용하지 못하지만 행동이라도 아이를 존중한다는 것을 보여줄 수 있는 대화의 기술 두 가지를 소개한다.

아이가 친구들과 놀러간다고 해서 이만 원을 주었더니 더 달라고 한다. 이때 많은 부모들이 "안 돼"라고 대답하고 "돈 좀 아껴 써"라며 훈육까지 한다. 그러면 아이는 반발하며 엄마와 실랑이를 벌인다. 어릴 때는 "안 돼"가 통하지만, 지금은 아이가 사춘기라는 것을 잊어서는 안 된다. 자기주도와 자율성이 확보되지 않으면 어떤 행동이 나올지 예상하기 힘든 시기이다.

'된다', '안 된다' 식으로 마치 해결사인 양 대답하는 것을 조심해야 한다. 사춘기 아이와 대화를 할 때 첫 번째 주의할 점은 부모가 속으로는 이미 '안 된다'로 마음이 굳어졌더라도 아이의 말을 먼저 들어보는 것이다. 두 번째 주의할 점은 "만 원 더 주면 돼?"라고 묻는 대신 "얼마가 더 필요한데?"라고 개방형 질문을 해야 한다는 점이다. 아이에게 용돈을 더 줄 수 있다는 가정하에 질문을 하면 아이의 마음이 공격 상태에서 무장해제가 된다. 아이가 "만 원만 더 주세요"라고 하면 "그래? 만 원이 더 필요하단 말이지"라고 아이의 말을 경청했음을 말로 표현해준다. 그러면 아이가 "예, 만 원만 더 주시면 돼요"라고 대화가 오간다.

상황이 이 정도 되었을 때 부모가 자기 생각을 표현한다. "엄마 생각엔 이만 원 정도면 될 것 같은데, 모자랄 것 같아?" 그러면 아이가 "다른 때는 이만 원이면 됐는데, 오늘은 친구 생일이라 회비 걷어서 선물 사야 해요"라고 상황을 설명한다. 그러면 부모 입장에서 군이 안 된다고 할 이유가 없어진다. 많은 부모들이 해결사처럼 대화를 하다가 감정싸움을 하게 되고 결국 아이와의 관계까지 나빠지는 경우가 종종 있다. 아이가 요청하는 것을 다 들어주라는 얘기가 아니다. 무리한 요청을 하는 것처럼 보여도 잘 들어보면 이유가 다 있다. 그것을 들어보고 나서 결정해도 늦지 않다.

아이에 대한 신뢰가 깨져서 화를 내고 싶은 순간에도 이 대화 기술을 먼저 행동으로 옮긴다면 큰 갈등 없이 문제가 해결된다.

아이가 무슨 말이나 요청을 할 때 "안 돼", "알았어"라는 해결식 대화 대신 "그러니까 네 말은 ~라는 거지?"라고 들은 말을 요약해 전달한다. 그러면 아이는 자기 속내를 털어놓게 된다.

대화를 할 때 폐쇄형 대화를 하는 경우가 많다. 예를 들어 "아빠, 그것 좀 꺼내주세요" 할 때 "바지?"라고 대답하면 폐쇄형 대화다. "아니요, 그 옆에 있는 거요"라고 아들이 말하고 아빠는 "점퍼?"라고 묻는다. 아이는 신경질을 내면서 "가방이요"라고 말한다. 아빠는 도와주려다가 된서리를 맞은 기분이다. 그래서 "네가 꺼내지, 왜 나한테 시키면서 신경질이야!" 하고 소리를 지르게 된다. 급할수록 폐쇄형 대화보다는 개방형 대화를 하면 대화가 빨리, 유쾌하게 끝난다. "뭐 꺼내달라고?"라고 물으면 "가방이요"라고 한마디로 끝난다.

감정을 공감해줄 때도 마찬가지다. 폐쇄형 대화로 짐작되는 감정단어들을 나열하다 보면 정확하게 맞아 떨어지지 않는다. "화났겠다" 하고 엄마가 말하면 딸이 "아니, 그 정도는 아니고"라고 말한다. 이때 "그러면?"이라고 개방형 질문을 하면 되는데 "속상했구나"라고 하면 아이는 "미안한 마음이었어"라고 할 수 있다. 폐쇄형 대화는 소통하는 기분이 들지 않는다. 대답이 좀 늦더라도 개방형 대화를 하는 노력이 필요하다.

번번이 아이와 충돌한다면
자존감을 높여라

자존감이 높은 부모는 아이의 말에 경청한다

자존감이 높은 부모는 아이의 상황을 고려해 대화를 한다. 아무리 급하고 화가 나도 감정을 조절해가며 표현하고, 아이를 존중하면서도 부모의 권위를 잃지 않는 방식으로 대화를 이끌어간다. 그러면 아이의 감정이나 욕구에 휘말리지 않으면서 리더로 키울 수 있다.

아이와의 대화는 "밥 먹었니?", "학교 잘 갔다 와" 같은 인사나 "사랑해", "미안해" 같은 단순한 정보전달성 언어에서 감정전달 언어로 조금씩 단계를 높여가야 한다. "사랑해", "미안해"와 같이 아무리 좋은 말도 아이가 받아들일 준비가 안 되어 있거나 그 말을 듣고도 별 감흥을 느끼지 않으면 소용이 없다. 아이가 받아들일 만큼만 표현하자. 무슨 말이든 타이밍이 중요하다.

외로움을 많이 타고 사랑받고 인정받으려는 욕구가 강한 아이는 끊임없이 성취하려 하고 1등을 해야만 사랑받을 수 있다고 느낀다. 이런 아이와는 "인생의 주인공은 너야. 꼭 1등을 하려고 너무 애쓰지 않아도 돼"라고 아이를 지지해주는 대화를 해야 한다. 세상이 내 아이를 중심으로 돌아가지 않는다. 다른 사람들에게 비난을 받아도 아이가 "나는 할 수 있다"는 확신을 스스로 가진다면 다른 사람들도 아이를 믿어준다. 이러한 자기확신은 부모가 인정해주고 잘할 수 있다고 지지해줄 때 강해진다.

자존감이 높은 부모는 아이에게 과도하게 기대하지 않고, 아이의 수준에 맞게 '나의 희망 찾기'를 해줄 수 있다. 1등은 아니지만 자신이 만족하는 무엇, 최소한 아이가 '나만이 할 수 있고 내가 만족할 수 있는 것'을 찾을 수 있도록 이끌어주는 방법을 익히고 실천하자.

(TIP) 자존감 높은 부모처럼 대화하기

아이 말이 틀린 것 같아도 말을 중간에 끊거나 갑자기 끼어들지 말고 경청한다. 아이의 말을 듣다가 욱하는 감정이 올라오면 숨을 들이쉬고 그 순간을 넘기자. "그랬구나", "또 다른 할 말은 없고?"라고 묻고 말을 잘 들어준 다음에 "그러니까 네 말은 이렇다는 거지?"라고 정리해준다. 이처럼 부모가 먼저 자신의 감정을 조절해서 차분하게 반응을 보이는 것이 중요하다. 설사 문제 해결이 당장

안 돼도 부모는 아이와 대화하는 것에 자신감이 생기고, 아이도 부모를 신뢰하게 된다.

아이가 공격적이거나 충동 조절을 못 해서 생기는 행동 문제나 학습 문제를 해결하고자 할 때 그 내용이 아무리 타당하더라도 상황에 맞지 않으면 아이는 당황해 부모를 피하거나 화를 버럭 낸다.

밥을 먹다가 혹은 학교 가는 아이를 붙잡고 불쑥 이야기를 꺼내지 말고 아이를 대화에 초대하자. "하고 싶은 얘기가 있는데, 저녁에 시간 되니?"라고 하거나, "용돈에 대해 의논하고 싶은데, 언제 대화할까?"라고 주제를 미리 말해주어 어떤 대화를 하게 될지 예상할 수 있게 하는 것이 좋다.

자존감이 낮은 부모는
아이의 사춘기를 더 거칠게 만든다

아이에게 문제가 터지고 나서야 부모들은 '아차, 무슨 일이 생겼구나' 하고 놀라서 상담실을 찾는다.

아이의 문제를 해결하기 위해 상담실에서 흔히 쓰는 방법은 두 가지다. 증상에 압도당하지 않고 원인을 찾아 제거하는 방법, 아이의 숨겨진 강점이나 주변의 지지 자원인 부모 혹은 친구들을 활용해서 증상을 줄이는 것이다. 여기에서는 원인을 찾아 제거하는 방법을 말한다.

십 대 아이들에게 문제가 생기는 원인은 크게 세 가지다.

첫째, 감정 문제를 해결하지 못하고 자란 경우다.

둘째, 호르몬의 변화와 2차 성징이 나타나면서 몸과 사고는 어른인데 감정은 아직 미숙한 상태로 몸과 정신의 균형이 깨지는 데서 오는 반란이다.

셋째, 어렸을 적부터 부모의 부정적인 대화로 인해 부모와 아이 모두 감정회로가 망가졌기 때문이다.

생물학적으로 사춘기가 되면 어떤 아이이든 조금씩 반항을 하고 감정 조절에 어려움을 겪는다. 사춘기가 아주 조용히 살짝 지나가는 아이들도 있다. 그러나 사춘기를 태풍처럼 크게 겪는 아이는 기질이나 생물학적 요인도 아닌 부모와의 잘못된 대화 패턴이 지속되다가 그저 사춘기에 봇물처럼 터진 경우가 많다.

이처럼 아이가 여러 가지 문제나 증상을 보여서 상담실을 찾는 부모 중에는 자존감이 낮은 경우가 많다. 부모와 아이 사이의 잘못된 대화 유형은 몇 가지 형태로 나누어볼 수 있는데, 심부름형 부모들은 아이의 행동 목표를 설정해줄 때도 아이에게 주도권을 너무 많이 주고 양보한다. 언뜻 보면 친구 같은 민주형 엄마 아빠로 비쳐지지만 자칫하면 방임형이 될 수 있다. 억압형 부모들은 아이 말은 잘 듣지 않고 자기 생각을 관철시키려고 하기 때문에 아이 입장에서는 답답하고 말이 통하지 않는 부모로 인식된다. 합리형 부모들은 선생님이 학생 다루듯 아이를 대하기 때문에 아이가 차갑다고 느낀다. 합리적이고 이성적으로 처리

해서 효율성은 있을지 모르지만, 따스함이 빠져 있다. 혼란형 부모들은 경계가 거의 없고 상황 자체를 무시한다. 아이 방에 불쑥 들어가고, 말을 갑자기 끊고, 자기 하고 싶은 말을 하는 등 정신이 없다.

아이가 문제를 보일 때는 당황하지 말고 초심으로 돌아가서 아이와의 관계를 긍정적으로 쌓으며 신뢰를 회복하는 것이 중요하다. 사춘기의 특성을 이해하고, 아이의 기질을 이해하며, 공감력을 높이는 대화를 하는 등 여러 노력을 시도해보자. 사춘기 아이들의 문화를 무조건 거부하지 말고 게임이나 아이돌 그룹에 대해 관심을 갖는 등 아이와의 대화 창구를 활짝 열어놓는다. 사춘기에 대한 책을 읽고 강연을 열심히 찾아가며 배우는 것도 도움이 된다.

(TIP) 정서적 교감을 나누며 대화하기

아이의 공감력을 키우려면 부모가 자신감을 갖고 아이 기질에 맞게 대화를 시도해야 한다. 민감하고 여린 아이는 정서가 다치지 않게 지지와 격려를 하면서 차차 힘든 말도 견딜 수 있도록 조금씩 강도를 높여나간다. 감정 폭발을 하는 아이와 대화할 때 강압적으로 대하거나 비위를 맞추며 절절 매면 아이는 더 세게 나온다. 아이가 좋아지는 모습을 보인다며 흥분을 감추지 못하는 부모들이 많은데, 아이의 행동에 일희일비하지 말고 평소에 적절히 정서적 거리를 두어 아이가 함부로 행동하지 않게 하는 것이 중요하다.

친구, 선생님, 반려동물과 같이 공동 관심사로 대화를 하면 가까워질 수 있는 계기는 된다. 그러나 부모와 아이 사이에 항상 제3자를 끌어들여 비난을 하고 맞장구도 치면서 대화를 하면 그 당시는 하나가 된 것 같지만 대화를 마친 뒤에는 공허감만 남는다. 혹은 부모가 힘을 합쳐서 아이를 비난하면 아이는 소외감을 느끼고 공격당하는 느낌을 받기도 한다.

공감을 잘하는 아이로 기우려면 정서적 교감을 나누는 대화를 해야 한다. 대화 당사자인 부모 자신의 얘기, 아이 자신의 얘기를 나누고, 그 상황에서 느끼는 감정을 나누는 대화를 시도하라. 처음에는 쑥스럽지만 계속 하다 보면 자연스러워지고 관계도 한층 깊어진다.

수준 높은 대화인 정서적 교감이 있는 대화는 부모는 물론 아이를 행복하게 하는 토대를 만들어준다.

아이를 지켜보는
부모의 감정을 들여다보라

행동은 아이가 해도 감정은 부모의 것이다

부모들이 다루기 힘들어하는 사춘기 아이들을 크게 두 유형으로 나누면 무기력해서 그 어떤 것에도 관심이 없고 방 안에만 틀어박혀 지내는 '칩거형'이 있고, 화를 잘 내거나 요구가 많고 용돈도 많이 쓰며 밖으로 돌아다니면서 에너지를 발산하는 '에너지 발산형'이 있다. 어느 부류든 부모는 감당하기 힘들어한다.

칩거형 아이들은 아침마다 늦게 일어나서 한바탕 소동을 치러야만 학교에 가고, 지각이 빈번하며, 친구가 없어 하교 후에는 집에서 잠만 잔다. 그런 아이를 보는 부모들은 아이가 학교는 제대로 졸업할지 걱정하면서 안쓰럽고 불안해한다.

반대로 에너지 발산형 아이들은 친구들과 노래방이나 PC방을 다니다가 들키면 도리어 짜증을 내고, 부모가 격앙된 목소리로 화를 내면 겨우 "알았다"며 자기 방으로 들어가기 일쑤다. 그런 아이 때문에 부모는 화병이 나기도 한다. 이때 부모는 아이에 대해 나쁜 감정이 들다가도 '좋아지겠지', '착한 아이였으니까 앞으로 잘할 거야'라며 올라오는 부정적인 감정들을 눌러버리기 쉽다. 이때 감정을 억압하지 않고 적절하게 해결해야 하는데, 어떻게 해야 할까?

이런 아이들을 대상으로 감성 터치를 하려면 아이의 표정이나 행동을 보는 부모 자신의 감정을 알아차려야 한다. 가장 좋은 방법은 아이의 문제행동을 볼 때 억울함, 화, 배신감, 외로움, 불안, 슬픔 등의 감정 가운데 어떤 감정이 쑤욱 올라오는지 생각해보는 것이다.

'부모로서 내가 이 정도면 됐지, 아이에게 필요한 것은 다 해주고 할 만큼 했는데 따라주지 않는 아이를 생각하면 억울하고 화가 난다'는 부모들도 있다. '언제까지 해주어야 아이가 달라질까' 불안하고, '조금만 더 하면 특목고도 갈 텐데' 아쉽기도 하다. 아이의 행동이 아무리 잘못되었다 해도 그때 그때 느끼는 감정은 부모 자신의 것임을 인정하는 것에서 감성 터치가 시작된다.

부모가 감정을 억압하면 언젠가는 터지게 되어 있고, 아이를 객관적인 시각에서 훈육할 수 없다. 따라서 부모 자신이 느끼는 감정을 받아들여야 한다. 감정을 억압하지 않는다는 것이 화나 불안을 바로 다 표현해버리는 것을 의미하지 않는다. 욱하는 감정이 올라오면 바로 화를 내고 불안을 표현할지 말지는 부모 자신의 선택이다.

합리적으로 감정을 표현하는 방법은 화나 불안을 누그러뜨린 후에 차분하게 표현하는 것이다. 자신의 화나는 감정을 미리 아는 것이 핵심이다. 평소에 화가 나면 소리 지르고 싶은 욕구를 1초만 늦추고 자신의 몸 상태를 느껴본다. 느껴지는 대로 '얼굴에 열이 오르고 가슴이 두근거리는구나' 하고 속으로 되뇌인다. 그런 뒤에 심호흡을 하고 몸을 이완시키면서 화나 불안의 감정은 자연스러운 것임을 인정하고 "화났구나. 불안하구나. 그 상황에서 당연하지"라며 스스로를 공감해준다. 그러고 나면 화나 불안은 한풀 꺾이고 감정도 풀어진다.

아이의 행동을 보면서 아이의 행동에 대한 부모의 생각에 영향을 주는 가치관이 무엇인지를 생각해서 '나의 신념 10가지', '가족 규칙 10가지'를 써보자. 그중에서 부모의 비합리적인 신념과 규칙 때문에 아이의 행동에 과잉반응을 한 적은 없는지 점검한다.

비합리적인 신념에 대한 예를 몇 가지 들면 다음과 같다.

- 어른에게 공손해야 한다.
- 남을 배려해야 한다.
- 반듯한 아이가 되어야 한다.
- 특목고에 꼭 가야 한다.

부모의 핵심감정과
아이의 행동을 분리하라

부모와 아이의 핵심감정을 파악한다

부모는 '아이가 잘못해서', '아이 때문에' 화가 나거나 불안하다고 생각한다. 겉으로 보기엔 맞는 말이다. 그러나 평소에 화나 불안이 많은 부모는 아이가 잘못을 저지르면 그 일을 핑계 삼아 감정을 억제하지 못하고 아이에게 푸는 경우가 많다. 그것을 조심해야 한다.

핵심감정은 평소에 주로 느끼는 감정이다. 타고난 기질이 예민하면 불안이나 우울의 강도가 높고, 활동적이고 공격성이 강하면 분노의 감정으로 표현되기도 한다. 그러나 대부분은 자라는 과정에서 주변 환경의 영향을 받거나 다양한 사건들을 경험하면서 핵심감정이 생긴다.

기질적으로 생긴 감정은 크게 변하지 않고 그 사람의 성향을 결정짓기도 한다. 특히 분노 같은 감정은 기질적으로 세대를 이어 전달되는 경우가 많다. 그러나 환경을 통해서 새롭게 획득된 핵심감정은 상황이 좋아지거나 좋은 대상들을 만나고 노력하면 긍정적인 핵심감정으로 변한다.

부모와 아이의 핵심감정을 알고 있으면 어떤 일이 발생했을 때 아이가 왜 그러는지를 이해할 수 있기 때문에 해결의 실마리도 찾을 수 있다.

(TIP) **핵심감정 찾기**

부모 자신의 핵심감정은 무엇일까? 밥을 먹을 때, 일할 때, 혼자 있을 때, 바람이 불 때, 음악을 들을 때 가장 많이 드는 감정이 바로 핵심감정이다. 상황만 다를 뿐 핵심감정이 튀어나온다. 아이가 평소에 자주 느끼는 감정은 무엇인지 생각해보자. 아이가 평소에 자주 하는 얘기가 핵심감정인 경우가 많다. "외로워", "허전해", "화나" 이런 말을 많이 한다면 그것이 아이의 핵심감정이다. 표현을 하지 않는 아이에게는 "요즘 어떤 감정이 많이 들어?"라고 직접 질문해도 좋다. 또는 "비가 오니까 쓸쓸하네. 너는 어때?"라며 부모가 먼저 감정을 드러내고 아이의 대답을 유도해보는 것도 자연스럽게 핵심감정을 알 수 있는 방법이다.

감정이 뒤엉키면 감정이입이 힘들다

———

별일 아닌 아이의 행동에 지나치게 반응한다면 부모의 핵심감정이 아이의 행동과 엉켜 있음을 의미한다. 오랫동안 감정을 억압해온 부모일수록 자신의 감정을 잘 모른다.

반드시 부정적인 정서가 나쁘고 긍정적인 정서가 좋은 것은 아니다. 눈치 보며 자라서 기쁨, 행복, 만족 같은 긍정직인 감정을 표현하지 못하고 살아온 부모는 아이가 별것 아닌 일로 즐거워하거나 신나하면 "호들갑은? 저렇게 나대서 남들에게 미움을 받으면 어떻게 하지, 남들이 뭐라 할까?" 하고 불안해한다. 힘들었던 어린 시절이나 결혼생활로 인해 내면에 분노, 슬픔, 사랑받지 못함, 질투 같은 부정적인 감정이 많은 부모는 그 감정들이 다시 올라오는 것을 고통스러워한다. 그래서 부정적인 감정들을 억압하고 부인하면서 늘 밝고 행복한 모습으로 위장하며 산다. 하지만 그렇게 살다 보면 자신의 진짜 감정을 모르며 아이에 대한 감정이입도 잘되지 않는다.

아이가 힘들게 해서 아내가 화나고 지쳐서 구조 요청을 해도 방관자처럼 행동하는 아빠들 중에는 감정이입이 잘되지 않는 경우가 많다. 일부러 그러는 것이 아니라 감정이입이 안 돼서 그렇다. 힘든 상황을 객관적으로 보지 못하고 긍정적이고 밝게만 해석하고 왜곡해서 본다. 불안이 심한 엄마는 "애한테 신경 좀 써요. 이러다 잘못되면 어쩌려고 그래요?"라면서 방관자로 있는 남편에게 서운함을 표현하지만 감정이입이 안 되는 남편은 "누구나 사춘기를 겪는데 왜 그렇게 난리야"라며 무시해버린다.

이처럼 부모는 자신의 감정이 뒤엉키면 아이의 같은 행동을 보고도 아주 다른 해석을 하게 된다.

(TIP) **감정이입 연습하기**

감성 터치를 잘하려면 부모 먼저 자신의 감정을 알아야 한다. 부모가 분노, 불안, 외로움, 슬픔 같은 감정을 느껴본 적이 있어야 아이의 감정도 알 수 있다.

그런 감정들이 잘 느껴지지 않는다면 이제라도 아이를 위해서 감정을 살려내는 노력을 해야 한다. 드라마를 보거나 책을 읽으며 감정이입을 잘하는 사람들을 보고 '저런 상황에서는 저런 감정이 드는구나. 나는 왜 그런 감정이 잘 안 들지?' 고민하면서 배워가야 한다. 그래야만 아이의 행동에 대한 평가가 적절한지, 자신의 감정 때문에 아이의 행동을 왜곡해서 보고 있는 건 아닌지를 알 수 있다.

부모 자신이 아이의 힘든 점이 잘 보이지 않는 감정억압형인지, 아이를 불안하게만 보는 과잉불안형인지를 아는 것이 중요하다.

감정에 따라 부모의 행동, 감정, 지각이 어떻게 변하는지 탐색하라

부모 자신의 감정을 이해해야 아이도 이해할 수 있다

가족치료 방법론의 선구자인 사티어Virginia Satir는 자녀의 행동을 바라보는 시각을 점검하기 위해 부모 스스로 행동, 감정, 지각을 탐색하라고 말한다. 예를 들어 '부정적 감정인 화, 억울함, 속상한 감정이 있을 수 있다'라고 생각해야 감정을 억압하지 않게 되고, 감정을 억압하지 않고 있는 그대로 인정하면 감정 조절이 된다.

즉 자녀의 문제행동을 보고 느껴지는 감정과 생각을 정리해보고, "화가 나도 된다, 슬퍼해도 된다, 외로워도 된다"는 물론 "기뻐해도 된다, 행복해도 된다, 만족해도 된다"까지 부정적 감정과 긍정적 감정을 모두 인정한다.

혼자 있는 시간을 갖는 것이 감정을 인정하는 데 도움이 된다. 어떤 감정이 올라올 때 억누르거나 외면하지 말고 마음속에 품고 견뎌본다. 화나 억울함에 푹 빠져 있을 때의 감정, 몸 상태, 생각을 다 느껴보는 것이다. 부모가 직접 경험한 감정의 종류와 깊이만큼 아이를 이해할 수 있다.

이중메시지는 아이를 혼란에 빠뜨린다

부모가 아이의 행동에 대한 자신의 감정을 자각하지 못하면 생각과 말이 다르게 나간다. 아이가 집에 오자마자 가방을 놓고 친구와 놀러 가겠다고 하면 엄마의 머릿속에는 '오자마자 어디를 나가? 밥도 안 먹고'라는 생각이 스친다. 그러나 아이와 매일 싸워서 이미 지친 엄마는 "응, 알았어. 빨리 갔다 와"라고 허락한다. 그러나 말투는 화가 나 있다. 아이는 엄마가 말로는 갔다 오라고 했지만 표정이나 말투가 화가 난 것 같아 이상하다고 느낀다. 이러한 이중메시지는 아이에게 정서적으로 혼란을 준다.

아이가 무언가를 해달라고 할 때 해주기 싫지만 아이가 화를 폭발할까봐 마지못해 "알았다"고 대답하는 경우도 마찬가지다. 말로만 좋다고 한 것이라 억양이 세거나 목소리에 화가 묻어 있다. 물론 부모는 다 해줬는데 뭐가 불만이냐고 하겠지만 아이는 이처럼 언어와 비언어적 요소가 다를 때 혼란스러워한다. 또 억지로 해주면 불만을 갖는다.

이중메시지를 전달하지 않으려면 아이의 행동에 대해 부정적인 생각이 들 때 자신의 마음에 어떤 감정이 느껴지는지를 살핀다. 그다음에는 자신의 감정과 할 말을 일치시켜 표현한다. "밥 안 먹고 바로 나가면 엄마가 속상해. 밥 먹기 싫으면 간식이라도 먹고 가"라고 말한다. 아이가 원하는 것이 마음에 안 들지만 허락해야 할 때의 감정만큼은 솔직해야 한다. 그러면 아이도 죄책감을 갖지 않고 자신이 원하는 걸 즐길 수 있다.

> (TIP) 부모 감정 솔직히 표현하기
>
> 언어와 비언어적 요소를 일치시켜서 표현한다. "안 된다"고 할 때는 단호한 말투와 싫다는 표정도 함께 보여주어야 제대로 전달이 된다. 싫으면서 "알았다"고 하면 말끝이 올라가거나 세게 나갈 수 있다. "알았다"로 말할 때는 감정까지 일치시켜서 좋은 마음으로 표현한다. 그게 안 될 때는 억지로 "된다"고 하기보다는 아이의 주장을 더 들어보거나, 요구를 들어줄 수 없어서 힘든 부모의 마음을 전달하는 것이 좋다.

아이의 행동을
긍정적으로 재해석하라

같은 행동이라도 동전의 양면 같을 수 있다

부모를 무시하는 아이의 행동은 부정적으로 보이지만 꼭 그렇지만은 않다. 해석하기에 따라 달라진다. 그것을 심리학 용어로는 '재명명'이라고 한다. '재명명'은 다른 시각으로 보는 것을 의미한다.

아이가 아빠 말은 잘 듣는데 엄마 말은 듣지 않고 반항을 하면 '엄마가 애 말을 다 들어주고 과잉보호를 해서 아이가 버릇이 없어졌다'며 비난을 받는 경우가 많다. 그러나 아이는 "아빠가 무서워서 속으로는 싫어도 겉으로 듣는 척하는 거예요. 그래도 말이 통하고 내가 의지할 사람은 엄마밖에 없으니까 투정을 부리는 거죠"라고 대답한다. 아이의 반항이 엄마가 볼 때는 자기를 무시해서라고 해석하지만, 아이는 그래도 엄마와는 소통이 가능하다고 생각해서 그렇게 행동하는 것이다.

긍정적인 시각으로 아이의 마음 문을 연다

—

단점으로 보이는 것도 긍정적인 시각으로 보면 장점이 된다. '약삭빠른'을 긍정적인 시각으로 보면 '재치 있는'이 되고, '고집쟁이'가 '주관이 뚜렷한'으로 해석되는 것 등을 예로 들 수 있다. 습관적으로 아이의 단점만 보면 아이의 행동은 잘 고쳐지지 않는다. 장점으로 보는 것도 연습해야 가능하다.

(TIP) **단점도 긍정적으로 재해석하기**

아이의 행동을 재해석하려면 단점으로 보이는 것도 긍정적으로 해석해야 한다. 마음먹고 날마다 연습하면 아이의 장점이 보이기 시작한다. 예를 들어 아이의 반항을 공격성으로만 볼 일이 아니다. 주장하는 것으로도 볼 수 있고, 오랫동안 참아오다가 이제는 더 버티기 힘들다는 구원 요청으로 볼 수도 있다.

아이의 행동에 대한 기대를 표현하라

'나 전달법'을 사용한다

아이에게 "너는 만날 왜 그러니?"라고 하면 아이는 비난받는다고 느낀다. 그러나 '나'를 주어로 "네가 ○○○ 할 때 내 마음은 △△△다"라고 말하면 부모의 감정이 강조되기 때문에 아이는 비난받는다는 느낌을 받지 않고 부모 입장에서 자신의 행동을 한 번 더 생각하게 된다.

'나 전달법'은 부모와 아이의 감정을 알 수 있고 부모와 아이 사이에 신뢰를 쌓는 좋은 기술이다. 평소에 아이가 옳은 행동을 했을 때나 일상적인 대화에서 사용하면 좋다. 그러면 아이는 부모의 감정 표현을 보고 배우면서 자신과 타인의 감정을 읽는 능력까지 익힐 수 있다.

예를 들어 시험기간에 게임만 하는 아이에게 "너 언제까지 게임만 할거야? 제발 공부 좀 해" 하고 비난하는 것은 도움이 되지 않는다. 혹은

"넌 걱정도 안 되니? 형 봐, 알아서 스스로 하잖아"라고 형제를 비교하는 것 역시 아이의 화를 부추길 뿐이다. "아빠가 너 하나 잘되게 하려고 이렇게 고생하는데, 어떻게 그렇게 철이 없니?"라고 신세한탄을 하는 것 역시 아이에게 죄책감을 유발시킬 뿐 아이의 행동을 변화시키는 데는 효과가 없다.

같은 말을 '나 전달법'으로 바꾼다면 "시험기간인데도 게임만 하니 성적이 더 떨어질까봐 아빠는 긱징이 돼"로 하면 된다. 물론 억양이 부드러우면 더 효과가 있다. 그러면 아이는 엄마나 아빠 탓을 하지 않고 자신의 행동을 객관적으로 바라보고 '아빠가 나를 걱정해주시는구나'라고 생각하게 된다.

아이가 문제행동을 했을 때 훈육을 하기 위해서 '나 전달법'을 많이 사용하지만, 잘했을 때도 '나 전달법'을 사용하면 잘한 행동을 더 강화할 수 있다. 평소에 대답을 바로 못 하고 머뭇거리는 아이에게 "대답 좀 빨리 해, 답답해 죽겠네"라고 말하면 '너는 문제가 있어'라는 말로 들려서 아이는 더 위축된다. 하지만 대답하기를 기다렸다가 아이가 대답했을 때 "시원시원하게 대답하니까 엄마도 속이 다 시원하네"처럼 잘한 행동에 대한 엄마의 긍정적인 감정을 표현해주면 아이는 안도하면서 칭찬받기 위해 다음에는 더 빨리 대답하려고 노력할 것이다.

아이의 행동 변화에 대해
구체적인 목표를 설정한다

———

아이와 갈등을 겪는 문제가 있다면 10점 척도법과 변화 촉구 질문법을 사용하면 좋다. 예를 보자. 아이를 잘 믿지 못하는 엄마와 PC방에 가게 해달라고 조르는 아들 이야기다.

> 엄마 : "너는 PC방에만 가면 온종일 있니? 한 시간으로 끝낼 것 아니면 가지 마."
>
> 아이 : "오늘은 제발 절 믿어주세요."
>
> 엄마 : "엄마가 너를 믿어주는 것을 점수로 하면 10점 만점에 몇 점 정도일까?"
>
> 아이 : "4점이요."
>
> 엄마 : "엄마가 어떻게 하면 너를 믿어준다고 생각할래?"
>
> 아이 : "수시로 전화하지 않으면 믿는 거죠."
>
> 엄마 : "네가 어떻게 하면 엄마가 믿어줄 것 같아?"
>
> 아이 : "딱 한 시간만 하고 오면 되죠."

이처럼 10점 척도법으로 현재 상황을 진단하고, 변화 촉구 질문법으로 구체적인 목표를 설정하면 아이가 행동을 바꾸고 실천하기가 쉬울 뿐만 아니라 목표 달성 여부를 명확히 알 수 있다.

"앞으로 운동을 열심히 하면 좋겠다"는 부모의 기대는 구체적이지 않으면 갈등의 원인이 될 수 있다. 나중에 아이는 '했다'고 생각하고, 부모는 '하지 않았다'고 생각할 것이기 때문이다. 아이와 부모가 생각하는 공동목표를 설정하기 위해 '운동을 열심히 하는 기준'을 '일주일에 몇 번, 몇 시간' 식으로 구체적으로 확인해야 한다. 그다음에는 목표 달성 여부를 명확히 하기 위해 10점 만점에 몇 점 달성했는지를 10점 척도법으로 체크하면 좋다.

목표 달성 100%란 있을 수 없지만, 아이가 남에게 핑계를 대지 않고 스스로 책임지도록 하려면 변화 촉구 질문법이 유용하다.

"네가 어떻게 하면 운동을 열심히 했다고 생각할까?"라고 아이에게 질문한다. 그러면 아이는 부모와 함께 설정한 목표를 자기 입으로 말하면서 '잘해봐야겠다'라고 다시 결심할 수 있다. 또 "어떻게 도와주면 네가 운동을 열심히 할까?"라고 물으면 아이가 "잔소리하면 더 하기 싫어지니까, 나를 믿어주고 잔소리만 안 하면 돼요"라고 말할 수 있다. 그러면 부모는 잔소리를 줄이고 아이가 운동에 집중할 수 있도록 도와주면 된다.

우리 집 십 대,
공부에 관심 갖게 하기

공부 스트레스를
이해하도록 하자

부모들은 종종 급한 마음에 아이들을 비교한다. 그러면 아이는 공부는 잘하고 싶지만 생각처럼 안 되고, 비교당하는 것은 더 싫으니 입에서는 불만이 터져 나온다.

"형처럼 공부 좀 해. 너는 도대체 왜 그 모양이니!"

"어쩌라고!"

노력했다는 아이, 부족하다는 부모

중학생이 되면 부모, 아이 모두 마음이 급해지다 못해 속이 타들어간다. 학교와 학원에 가면 서열화가 아이를 기다리고 있다. 서열화는 가정에도 깊숙이 들어와 있다. 냉혹한 잣대를 들이대며 상층과 하층을 구분 짓는다. 여기에는 잠깐의 승자만 있을 뿐 누군가는 낙오자가 된다.

어쩌다 성적이 좀 올라도 안심할 수 없다. 그래서 아이는 다시 내려가는 비참함에 빠지기 싫어 안간힘을 쓴다. 성적이 떨어질까 불안한 마음 때문에 사실 공부에 집중할 수도 없다.

"노력해야 결과가 나오지!"

"열심히 해본 적이나 있어?"

불안한 아이 마음에 이처럼 소금을 뿌리는 말이 또 있을까?

"해봤다고~! 개짜증나."

공부를 못하고 싶은 아이는 없다. 수업시간에 졸지 않으려고 눈을 부릅뜨고, 필기도 놓치지 않으려 토씨 하나 안 빠뜨리며, 수학 문제 하나라도 더 풀려고 애쓴다. 시험 망치지 않으려고 국·영·수는 몰라도 암기 과목이라도 달달 외워보려 한다. 그렇게 해서 어쩌다 80점을 넘어 으쓱하면 엄마는 또 한마디 한다.

"그렇게 하면 되잖아. 국·영·수도 그렇게 해."

도무지 얼마나 더 해야 엄마는 만족할까? 늘 비교당하는 아이는 성취를 하고도 스스로 만족할 줄 모른다. 엄마가 대했던 방식대로 자신을 다그친다. 쉴 줄 모르는 어른들이 그렇듯이.

심리검사 중에 마음을 들여다보는 투사검사가 있다. '투사'는 자신의 마음을 다른 무엇에 비추어 보는 것으로, 마치 거울 속 자신을 들여다보는 것과 같다. 구체적인 방법으로는 그림을 그리게 하거나 문장완성검사(SCT)를 하고, 끝말잇기를 통해 어떤 단어에 반응하는지를 보기도 한다. 그러면 아이들은 성적에 관계없이, 최고가 되고자 하는 속마음을 드러낸다.

많은 부모가 소박한 소원이라며 아이들을 숨 막히게 하는 말이 있다.

"공부가 중요한 건 아니지만 형만큼만 했으면 좋겠어."

차라리 공부가 중요하다고 말하는 게 낫지, 이중메시지까지 줘서 아이를 혼란스럽게 한다. 그러면 아이는 부모가 원하는 대학에 도무지 갈 자신이 없지만 부모가 원하는 말을 한다.

"좋은 대학 가고 싶죠. 이왕이면 SKY, 거기 아니면 안 가요."

겉으로는 웃으며 부모가 원하는 말을 하지만, 속으로는 자신을 질타한다.

공부 스트레스를 이해해줘야 공부를 한다

학원이며 과외까지, 한 달 사교육비를 따져보는 부모들의 경제 체감 온도는 날로 하락하고 있다. 아이가 부모 마음을 모르는 것 같아 서운도 하다. 그러다 보니 자신도 모르게 말 실수를 한다. "내가 너한테 들인 돈이 얼만데 성적이 이 모양이야?" 부모가 무심코 던진 말 한 마디에 아이는 그나마 하던 공부마저 딱 멈추고 싶어진다.

'인정받고 싶었는데. 나는 정말 이 정도밖에 안 되는 걸까?'

지금 아이의 마음은 응급 상태다. 아이에게 수혈을 하고, 부모는 양보해야 할 때다. 일단 아이의 마음을 살리고 봐야 한다. 이렇게 말하자.

"지금 잘하고 있어. 조바심내지 않아도 돼."

고등학생이 되면 아이들은 더욱 까칠해진다. 자신을 증명할 게 성적밖에 없으니 집중이 잘 안 돼도 교과서를 붙잡고 있고, 고개를 들어 주변을 둘러볼 여유도 갖지 못한다. 입시가 끝날 때까지는 중도에 포기할 수 없는 자신과의 긴 싸움을 아이들은 견뎌내야 한다. 지켜보는 부모 마음도 가시방석이다.

"우리 애가 요즘 풀이 죽어 있어요."

까칠하게 굴고 대들던 아이가 풀이 죽어 있으면 어찌해야 할지 난감하다. 왜 그러냐고, 뭐가 문제냐고 계속 물어보면 그만하라며 눈물을 뚝뚝 떨어뜨리는데, 아무리 부모라지만 그런 감정기복까지 받아주려니 힘에 부친다. 공부로 인한 긴장감은 이제 시작일 뿐이다. 아이가 공부 스트레스를 푸는 것은 기껏해야 게임을 하거나 TV를 보며 멍 때리는 것 정도다. 그것마저 이해받지 못할 때 아이는 탈출구가 없다.

부모는 잘하라는 의미로 경쟁을 유발하는 말을 하지만 아이에게는 상처다. 특히 비교하는 것은 무시나 인격모독이 동반되기 때문에 아이들은 서서히 마음의 문을 닫고, 결국 형제끼리 사이만 나빠진다. 성적이 중하위권이면 학교나 학원에서 내몰리는 처지가 되는데 부모에게조차 격려받지 못하면 마치 자신이 인격실격자처럼 느껴진다. 늘 긴장해서 원형탈모가 생기기도 하고, 긴장을 풀려고 술, 담배나 야동을 접하기도 한다.

　어릴 때 공부 습관을 길러주는 것은 아이의 삶에 날개를 달아주는 역할을 하기 때문에 매우 중요하다. 하루 5문제 풀기, 20분 복습하기 등 작은 성취감을 자주 느끼게 해주는 것이 좋다. 아이가 학습에 흥미를 갖게 하려면 성취와 아이를 분리해서 봐줘야 한다. 아주 작은 성취라도 소중한 내 아이기 때문에 "대단한걸" 하고 칭찬해줄 수 있다. 그러면 아이는 "내가 이런 사람이야" 하고 우쭐댄다. 특히 사춘기에는 우쭐대고 싶은 마음에 공부를 열심히 할 수 있다는 점을 기억하자.

✤ 짧은 집중력을 이용해
　안정적인 공부 시스템을
　만들어주자

민규는 수학을 가장 싫어하는 초등학교 5학년 아이이다. 수학문제 풀기를 싫어하는데 공부를 안 하고 시험을 보면 50점 정도 나온다.

이번에는 엄마가 3일 정도 함께 문제풀이를 하자고 설득했다. 아이는 할 수 없이 엄마 말을 따랐다. 그런데 결과는 예상외였다. 80점이 나온 것이다. 엄마는 고작 3일 정도 공부했으니 70점만 넘어도 다행이라고 생각했다. 아이도 놀란 듯 "내가 80점을 맞았다니!" 하고 연거푸 말을 했고, 엄마도 "더 잘해"라는 말 대신 "3일 동안 집중하더니 80점을 맞았네, 대단해"라고 칭찬을 해주었다.

단기기억을 장기기억 저장소로 옮겨놓는다

———

"꼭 시험이 되어야 당일치기를 한다고요", "우리 아이는 공부를 하려고는 하는데 짧은 집중력이 문제예요"라고 하소연하는 부모들이 많다.

"당일치기 공부로 익힌 건 결국 쉽게 잊혀져. 그러니 평소에 꾸준히 공부하라고."

어른들은 아이들에게 이런 말을 많이 하는데, 반은 맞고 반은 틀린 말이다. 당일치기는 단기기억에 머무르는 것이고, 단기기억은 3일 정도 지나면 소멸해버린다. 관건은 단기기억을 장기기억 저장소인 해마로 옮겨놓는 것이다. 벼락치기도 공부인데, 그냥 다 없어져버리면 허무하니까.

공부를 잘하고 못하고는 노력이 중요하지만 좋은 습관도 중요하다. 단기기억을 장기기억으로 연결하는 것이 핵심이다. 공부 잘하는 아이들은 시험이 끝나고 새로운 공부를 시작하기 전에 시험 내용을 한 번 더 훑어보는 습관이 있다. 이렇게 하면 단기기억이 다 사라져버리기 전인, 최소한 시험 후 3~4일까지는 장기기억 저장소로 옮겨놓을 수 있다.

단기간에 여러 과목을 분산해서 공부시킨다

———

이 방법은 다양한 과목을 짧은 시간 안에 공부하게 하는 방법이다.

구체적으로는, 30분 안에 한 과목당 15분씩 두 과목을 공부하도록 한다. 수학이라면 연산 5분, 사고력 수학 5분, 교과서 수학 5분 동안 공부하게 하는 것이다. 이렇게 하면 총 공부 시간을 늘릴 수 있다. 부담되지 않는 범위에서 30분 동안 공부하도록 하는 것이다.

정한 시간이라고 해도 아이의 컨디션에 따라 공부 시간은 줄어들 수 있다. "엄마, 오늘은 공부 안 하면 안 돼? 너무 졸리고 피곤해"라고 할 때는 조금 쉽게 하자.

> 엄마 : "힘들구나, 그럼 한숨 자, 이따 깨워줄게."
> 아이 : "싫어요. 어차피 이따 해야 하잖아요."
> 엄마 : "그럼 어떻게 하고 싶어?"
> 아이 : "오늘 절반만 하고 잘게요."

일단 하루 분량을 다 채우려는 욕심을 버리고 아이의 말을 들어주면 아이는 절반이라도 한다. 엄마의 감수성은 아이가 공부의 끈을 놓지 않게 만든다는 사실을 기억하자.

자신감이 올라간 것을 계기로
공부 시스템을 만들어준다

———

3일 동안 수학만 온종일 풀고 시험 결과가 좋았다면 수학에 적성이 없는 것이 아니라는 사실이 증명된 것이다. 그 부분을 보상해주자.

우선, 직접적인 칭찬보다 물어봐주면 아이도 자신감이 생긴다.

엄마 : "네 생각엔 어때? 3일 집중했을 뿐인데, 결과가 왜 잘나왔을까?"
아이 : "내가 머리가 좋은가?"
　　　홋홋홋, 깔깔깔.

아이의 반응에서 긴장이 풀어졌다는 것을 알 수 있다.

아이 : "나도 하면 되는군."
엄마 : "물론이지, 하면 된다고."

이렇게 대화를 이어갈 수 있다.

많은 아이가 부모와 대화를 이어가다가도 공부 얘기만 나오면 짜증을 내며 방으로 도망간다. 한 번은 성적이 괜찮았지만, 그다음 시험을 걱정하기도 한다.

아이 : "그렇다고 다음 시험 너무 기대하지 마세요. 부담돼요."

엄마 : "알았어. 대신 조금만 이어가보자."

아이 : "매일 한 페이지씩은 할 수 있을 것 같아요."

아이가 "한 페이지"라고 말할 때 부모가 "조금만 더"라고 하면 아이는 "그럼 안 해"라며 버티고 만다. 그러니 부모가 조금 양보하자. 그러면 아이의 마음을 얻고, 부모는 밀당의 고수가 될 수 있다. 1단계 전진을 위한 1단계 후퇴다.

아이들은 공부 계획표를 작성하는 것을 가장 싫어한다. 부모 자신도 어릴 때 방학숙제로 둥근 시계를 그리고 그 안에 공부 계획을 써 넣지만 매번 수포로 돌아간 경험을 했을 것이다. 그러니 아이가 계획을 가지고 생활하기를 원한다면 서점에 함께 가서 예쁜 캐릭터가 그려진 탁상달력이나 다이어리를 선물하는 것이 낫다. 아이들 중에는 엄마의 흑심을 알아차리고 그 선물을 거절할 수도 있지만, 그럴 땐 솔직하게 말하자.

엄마 : "누가 알아? 스티커 붙이다 공부에 재미 붙일지?"

아이 : "에잇, 엄마는~."

모든 아이는 공부를 잘하고 싶어한다. 단지 하루하루 시간 투자를 해도 성적이 오르기까지 최소 6개월, 혹은 1년이 걸리다 보니 금방 포기하는 경우가 대부분이다. 그러니 부모가 아이와 함께 실망하기보다는 마음을 다잡고 공부할 수 있도록 동기 부여를 하는 것이 중요하다.

좀 더 어린 아이들은 먹이 주는 동물 캐릭터 저금통에 하루 학습 분량을 마칠 때마다 동전 먹이를 주게 하는 것도 방법이다.

엄마 : "애가 배부르겠다. 너도 실력이 쌓이겠지?"

칭찬이라는 보상으로 '굳히기 작전'은 필수다. 단, '해야 할 것을 조금이라도 한 후'에 당근을 주는 것이 핵심이다. 이것은 심리학 용어로 '프리맥의 원리'라고 한다. "이따 TV 보려면 숙제를 슬슬 시작해야 하지 않을까?"라고 행동을 개시할 시점을 구체적으로 알려주는 것도 좋다.

✧ 감성뇌가 발달해야
학습뇌도 능력을 발휘한다

"성적표 나왔지?"

엄마는 아이가 책가방도 내려놓기도 전에 성적표를 내놓으라고 한다. 중2인 민아는 이미 풀이 죽어 있다. 차라리 초등학교 때처럼 허세라도 부리고 짜증이라도 내면 좋겠다.

"엄마, 나 성적 더 떨어졌어요. 애들 따라가기 너무 힘들어."

눈물을 뚝뚝 떨어트린다.

"고개 들어, 울긴 왜 울어."

"내가 성적이 바닥이니까 애들도 무시하고 왕따시킨단 말야."

중학생이 되면서 성적표에 석차가 나오고 친구보다 못하는 게 티가 난다. 엄마는 나름 조기교육에 이것저것 공부를 시키며 공주처럼 키웠는데 아이의 자존감이 팍팍 떨어지니 속상하다. 아이 말처럼 정말 성적 때문에 친구들에게 무시당하는 것일까?

학습뇌와 감성뇌는 뗄 수 없는 관계다

———

요즘 아이들은 집에서 많은 관심을 받고 자란다. 그러나 학교에 가면 20명이 넘는 아이들 속에서 주인공이 되기란 쉽지 않다.

영유아기부터 조기교육을 받다 보니 지능지수IQ는 높아도 다른 사람의 감정을 제대로 알아채지 못하는 아이들이 늘어가고 있다. 송이도 그런 경우다. 송이 엄마는 처음엔 아이 친구들을 집에 초대해 "사이좋게 놀아"라고 부탁도 했다. 그러나 차츰 아이들이 송이를 멀리했고, 그 이유를 알아보니 송이가 아이들의 관심을 독차지하고 싶어서 눈치 없이 행동하는 일이 많다는 것을 알게 되었다.

다른 아이의 입장이나 상황은 생각하지 않고 자신만 알아달라는 아이는 또래 사이에서 어려움을 겪기 쉽다. 어려움이 쌓여 친구 관계가 불편해지면 학교 가기도 싫어진다. 친구 관계와 공부, 둘 다 중요한 시기인 사춘기 아이를 어떻게 도와줄 수 있을까?

빠른 적응력과 유연성으로 어느 상황에서든 자신감이 있는 아이가 되게 하려면 무엇보다 두뇌의 균형이 중요하다.

오른손잡이와 왼손잡이가 있듯 지능에도 학습지능 우세형(학습뇌)과 감성지능 우세형(감성뇌)이 있다. 웩슬러David Weshler가 개발한 지능검사는 학습뇌와 감성뇌를 설명하는 데 유용하다. 학습뇌가 좋은데 감성뇌가 부족하면 공부를 잘하지만 친구를 잘 사귀지 못한다. 감성지능이 떨어지면 타인의 감정을 파악하고 상호작용을 하는 데 서툴기 때문이다.

자기가 한 말에 친구가 어떤 기분을 느끼는지 도무지 알아채지 못하고 눈치만 보다가 결국 입을 다물고 생활하게 된다. 그러면 친구들은 "나와 어울리기 싫다는 거지? 잘난 척은 혼자 다 하네"라며 오해한다.

그러니 학교 성적이 좋다고 안심할 것이 아니라 아이의 정서를 살펴야 한다. 아이가 풀이 죽어 있는지 표정이 어두운지를 관찰해서 무슨 일이 있는지를 물어봐주고 마음을 공감해주어야 한다. 그렇지 않으면 아이의 두뇌는 점점 한쪽으로 치우쳐서 불균형 상태가 되고, 아이는 해결되지 않는 문제 때문에 스트레스를 받게 된다. 그러면 공부에 대한 동기 부여도 안 되고, 친구들과 관계 맺는 방식을 배울 수 없게 된다.

부모와 아이의 관계가 아이의 친구 관계에 영향을 끼치기도 한다. 부모가 아이의 감정을 세심하게 알아주고 표현해주면 아이도 친구들을 만날 때 부모가 했던 방식대로 한다. 그러면 친구나 선생님과 대화를 할 때도 겉으로 드러난 '말'만 인식하는 것이 아니라 이면의 '감정'이나 '의도'를 알아차리게 되어 깊은 소통을 경험하게 된다.

아이의 감성뇌를 발달시키려면 아이와 대화를 자주 하라. 진지한 대화가 아니라도 좋다. 수다도 떨어봐야 내 말을 상대방이 좋아하는지 싫어하는지를 알게 되고, 감성뇌가 발달한다.

학습뇌와 감성뇌를 균형있게
발달시켜야 한다

—

친구 관계만큼이나 엄마들이 신경 쓰는 부분이 성적 관리다. 성적이 좋으려면 머리가 좋아야 하고, 머리가 좋다는 것은 IQ로 알 수 있다.

IQ검사(한국웩슬러아동지능검사)는 5가지 기본지표(언어이해, 시공간, 유동추론, 작업기억, 처리속도)와 추가지표(양적추론, 청각작업기억, 비언어, 일반능력, 인지효율)로 구성되어 있다. 아이의 지능은 단순히 인지능력뿐만 아니라 정서상태 등 다양한 측면을 고려해야 함을 알 수 있다.

인지능력이 높으면 성적이 좋고 과제수행을 잘할 수 있다. 그렇다고 억지로 공부를 시키면 학교성적은 올릴 수 있어도 감정은 다친다. 이럴 땐 아이의 마음을 돌봐주어야 아이 스스로 무언가를 하고 싶어지고 시키지 않아도 공부를 하게 된다. 즉 공부와 마음, 두 가지 모두 살펴야 한다.

지능 검사를 하지 않아도 아이가 타고난 머리보다 노력을 많이 해서 얻은 점수인지, 머리는 좋은데 집중을 못 하거나 노력을 하지 않은 것인지는 부모가 누구보다 잘 안다. 그 사실을 인정해야 한다. 아이에게 공부하라고 채찍질을 할 것인지, 아이 스스로 공부하게 할 것인지를 곰곰이 생각해보라. 음식이나 물을 주지 않고 채찍으로 말을 달리게 하면 몇 킬로미터는 갈 수 있지만 얼마 못 가서 주저앉을 것이 뻔하다. IQ의 균형을 맞추어야 하는 이유가 여기에 있다.

보통 부모들은 내 아이가 지능이 낮다는 사실을 인정하기 힘들어한다. 그래서 아이들의 지능 점수가 부풀려지거나 지능 검사 자체를 두려워하는 경우가 많다. 그러나 어느 정도 두뇌가 안정되는 초등학교 저학년에서 고학년으로 올라갈 때 신뢰할 만한 기관에서 아동용 웩슬러 지능검사를 한 번쯤 받아보고, 학습뇌와 감성뇌의 차이를 좁혀주면 IQ가 높아지면서 아이가 마음을 잡고 집중력을 발휘할 수 있다. 그렇게 아이 수준에 맞게 끌어주면 실력이 향상되는 건 시간문제다.

✦ 내 아이 적성에 맞는
학습법은 따로 있다

중학교 1학년 석이는 학교만 다녀오면 방에 들어가 나오지 않고 하루 종일 누워서 뒹굴뒹굴한다. 학원에 가는 것도 싫어해서 학원도 가지 않는다. 그렇게 뒹굴뒹굴하다가 책을 보기도 하고 학교 숙제도 하니 그나마 다행이다 싶다. 하지만 대부분의 시간 동안 멍 때리는 석이를 보면 엄마는 '아이가 의욕만 있으면 뭐든 잘할 것 같은데, 어떻게 도와주지?'라는 생각이 들면서 한숨이 나온다.

내 아이는 어떤 상황에 공부를 하고 싶어할까?
—

석이처럼 학습 동기가 없는 아이를 공부시키겠다며 다그치다 머리 싸매고 눕는 부모들이 의외로 많다. 그렇게 되지 않으려면 아이가 어떤 상황에서 학습 동기를 얻을 수 있는지를 반드시 파악해야 한다. 애니어그램이라는 성격검사에 의하면 사람의 성향은 사고지능형(IQ), 신체지능형(BQ), 정서지능형(EQ)으로 구분할 수 있다. 내 아이가 어떤 성향인지를 알면 학습에 대한 동기 부여는 물론 효과적인 학습법을 찾을 수 있다.

사고지능형(IQ)은 자기성찰에 관심이 많다

사고지능형 아이들은 세상의 이치를 이해하고 싶어하며, 자기성찰에 관심이 많다. 무언가 이해가 되지 않으면 불안감을 느낀다. 자기만의 공간에 빠져 있고, 혼자 있는 시간이 많다. 앞서 본 석이가 사고지능형이다. 엄마 눈에는 느림보이고 아무것도 안 하는 것처럼 보이지만 석이는 자기 확신을 갖는 데까지 시간이 많이 필요한 것뿐이다.

이런 아이일수록 혼자 있는 시간과 자기만의 공간을 인정해주어야 한다. 조용하고 신중하며, 무엇이든 이해한 다음에 행동으로 옮기기 때문에 시작이 늦은 편이다. 이런 아이들은 진로를 찾는 데도 오래 걸린다. 말이 없고 생각을 깊게 하기 때문이다. 또한 사소한 말에도 상처를 느끼니 말을 조심스럽게 해야 한다.

사고지능형 아이들에게 효율적인 학습 방법은 문제에 답하기 전에 생각할 시간을 주는 것이다. 주제를 주고 개별적으로 탐구할 수 있는 시간을 충분히 준다. 스스로 문제를 해결할 수 있게 격려하고 지적 호기심을 자극하는 것이 자기주도적인 학습 태도를 가질 수 있는 지름길이다. 무슨 과목이든 과정을 이해하며 습득하게 하고, 겉으로 보이는 현상뿐만 아니라 저변의 이론을 이해하게 도와야 한다.

사고지능형 아이들은 학구적이고 연구하는 분위기를 선호하므로 자유로운 상태에서 내면의 호기심을 채우는 독립적인 활동 중심의 직업이나, 분석적으로 탐구하며 새로운 지식이나 이론을 다루는 학문이나 연구 활동을 하는 직업이 적당하다.

신체지능형(BQ)은 새로운 것을 추구한다
—

신체지능형 아이들은 자신의 뜻대로 상황을 만들고 싶어하는 욕구가 강해 가끔은 충동적으로 보인다. 자신의 뜻대로 되지 않으면 분노하고, 생각을 많이 하지 않고 덤비기 때문에 일을 저지르고 해결은 부모가 해주어야 할 때가 많다. 변화 그 자체를 즐기기 때문에 일상적이고 반복되는 일을 힘들어하고, 호기심이 많고 새로운 일을 추구한다. 되고 싶은 것, 하고 싶은 것이 자주 바뀌고 학원도 한 곳을 꾸준히 다니지 못하고 자주 바꾼다. 엄마 말대로 했다가 결정적일 때 진로가 바뀌는 아이들이 대부분 신체지능형에 해당한다.

신체지능형 아이들을 대할 때 부모는 융통성을 발휘해야 한다. 우선, 어릴 때부터 단기 목표와 시간 계획을 세워서 생활하도록 도와야 한다. 공부가 놀이이길 기대하는 신체지능형 아이들은 시청각 자료를 활용하고 자유롭고 허용적인 분위기를 만들어주며 활동적인 조작 중심의 학습에서 성취감을 느끼도록 돕고, 마치는 시간을 알려주어 스스로 학습을 마무리하도록 한다. 실제 움직임을 통해 배울 때 더 빨리 배우기에 재미있는 학습도구를 아이 스스로 만들게 해 놀이하듯 공부할 수 있게 하는 것도 좋다. 이러한 성공 경험이 쌓여서 기본 학습 능력이 일정 수준에 이르면 나름대로의 학습 방법을 익힐 수 있다. 때로는 간헐적인 물질적 보상을 통해 성취 동기를 강화하면 더 효과적이다.

신체지능형 아이들은 창조적이고 자신을 표현하는 자유로운 직업을 선호한다. 새로운 방식으로 표현하는 일, 창의성을 발휘하는 일을 좋아한다. 문학, 미술, 연극, 영화와 같은 문화 활동을 선호하니 상상력을 많이 사용하고 자기를 표현할 수 있는 직업으로 이끄는 것이 좋다.

정서지능형(EQ)은 사랑과 인정을 받고 싶어한다

정서지능형 아이들은 사람들에게 사랑과 인정을 받고 싶어한다. 그 욕구가 채워지지 않으면 수치심을 느끼고 '나는 가치 없는 사람'이라는 생각까지 한다. 정서지능형 아이들을 학습으로 이끄는 효율적인 방법은 '나는 소중한 아이야'라고 느끼게 하는 것이다. 정서지능형 아이들에게 격려의 말을 해주면 학습 효과가 커지니 친구에게 공부를 가르쳐주게 하는 것도 좋다. 또한 친구와의 갈등, 선생님과의 갈등을 힘들어하므로 공부할 때 좋아하는 친구와 엮어주면 성과가 좋다. 사람과 연관된 공부 주제를 줘서 어떤 방식으로 사람을 돕고 영향을 줄 수 있는지를 설명해준다.

정서지능형 아이들에게는 개인적 인정이 필요하기 때문에 학습 방식도 칭찬, 격려, 스킨십 등 정서 교류를 병행하는 방식으로 접근한다. 학생과 선생님과의 교류가 중요하고 정서적 교류가 되어야 공부가 되니 때로는 사랑이 전제된 1 대 1 또는 소수 방식의 과외가 필요하다. 조직, 체계, 반복학습에 약한데 이런 단점을 보완하기 위해 기록, 녹음 등을 활용한다.

정서지능형 아이들은 개인적으로 성장할 수 있고 사람과 의미 있는 연결감이 있는 직업이 어울린다. 그렇기 때문에 다른 사람과 함께 일할 기회가 많고, 같이 일하는 사람들과 친밀한 관계를 형성할 수 있는 일을 하는 것이 좋다.

내 아이가 공부에 흥미를 느끼도록 도와주고 싶은데 막막하다면 전문가의 도움을 받는 것도 방법이다. 가까운 상담실이나 인터넷을 통해 애니어그램 검사를 받아보면 내 아이의 적성에 맞는 학습법을 찾을 수 있다. 내 아이가 사고지능형(IQ)이라면 자기만의 방식을 고집하거나 결단하는 데 시간이 걸리더라도 존중해주어야 한다. 신체지능형(BQ) 아

이라면 다양한 호기심과 집중력이 짧은 성향을 인정해주어야 한다. 정
서지능형(EQ) 아이라면 무엇을 하든지 사랑받고 싶어하는 인정 욕구와
결부되어 있음을 알아야 한다.

최소한 하루 30분 자습 습관이 자기주도 학습을 완성한다

초등학교 3학년 은지는 저녁 7시 30분까지 국어, 영어, 수학 학습지를 끝낸다. 하지만 수영 강습을 다녀온 날이면 몸이 피곤해서 책상 앞에 앉아 꾸벅꾸벅 존다. 이런 날은 수학 문제를 여러 번 읽어도 도무지 풀리지 않는다. 그러다 결국 초저녁에 잠이 들어버린다. 그리고 새벽에라도 다시 일어나 못 다 푼 문제를 풀고 잔다.

엄마는 은지에게 국어 학원, 3과목 학습지 수업, 취미로 피아노와 수영 강습을 받게 하고 있다. 엄마는 은지가 다른 아이들에 비해 사교육을 적게 하는 편이라고 생각하며, 초등학교 4학년부터 학습 난이도가 높아지기 때문에 최소한 3학년까지는 공부 습관을 잡을 정도로만 학습을 시키고 있다. 그리고 초등학교 3학년 때까지는 고학년 때 할 수 없는 취미 과목을 대충이라도 끝내주고 스스로 공부하는 능력도 키워주고 싶은 마음에 숨이 가쁘다.

힘들어도 힘들다고 말 못하는 아이들

———

은지 엄마의 마음은 이해하지만, 아이는 지치기 마련이다. 보통 아이들은 꾀를 부리거나 싫다고 울어버리는데 은지처럼 버거워하면서도 따라가는 아이들이 있다. 아이가 졸면서 문제를 푸는 모습이 안쓰러워 엄마가 "학습지는 내일 아침에 풀어"라고 말하고 일단 재우면 보통 아이 같으면 아침에 늦잠을 자기 마련인데, 은지 같은 아이들은 아침 일찍 일어나 남은 학습지를 마저 한다. 이럴 때 엄마가 "힘들지? 학습지 줄일까?"라고 말하면 "아니에요. 지금도 괜찮아요"라고 말한다. 솔직하게 "예, 좋아요. 역시 우리 엄마가 최고!"라고 대답하면 좋을 텐데.

엄마 눈엔 무척 힘들어 보이는데 괜찮다고 하는 아이 때문에 걱정하는 엄마를 만났다.

아이 엄마 : "안 힘들다고 말하는데, 제 눈엔 힘들어 보여요."
나(상담사) : "엄마에게 인정받고 싶은 게 아닐까요?"
아이 엄마 : "생각해보니 그런 것 같아요."

엄마와 애착이 강한 아이일수록 엄마에게 인정받고 싶은 욕구가 크다. 좀 힘들어도 엄마가 실망할까봐 차마 힘들다고 말하지 못하다가 조금 더 커서 사춘기가 되면 그제야 마음속 얘기를 한다.

아이 : "그때 내가 얼마나 힘들었는 줄 알아요? 되게 힘들었어."

엄마 : "말을 하지."

아이 : "엄마 실망시키고 싶지 않아서 그랬죠. 그래서 공부가 지겨워진
거고."

집에서 하는 자습은 부모도 아이도 무리하지 않는 선에서 해야 한다. 초등학교 3~4학년 때는 하루에 최소 20~30분의 자습 시간이 적당하다. 그 시간으로 해결되지 않는 많은 양의 학습지나 문제 풀기는 과감히 줄여주어야 한다. 아이가 중학생이 되면 하루 1~2시간 정도로 자습 시간을 늘려나간다.

성적이 떨어진 것보다
더 신경 써야 할 것이 있다

아이의 공부 습관이 위태로워지는 시기가 있다. 학습의 난이도가 어려워지는 초등학교 4학년 때가 첫 번째 고비이고, 그다음 고비가 중학교 1학년, 그다음 고비가 고등학교 1학년 때다.

"중1이 되면서부터 흥미를 잃었어요."

"중3까지는 했는데, 고1이 되면서 성적이 막 떨어지는 거예요."

학습 상담을 받으러온 부모와 아이들 중에는 낙담한 표정으로 이렇

게 말하는 경우가 많다. 갑작스러운 성적 하락은 자존감과 공부에 대한 흥미를 동시에 떨어뜨린다. 공부는 어려워지고 공부 양까지 많아져서 가뜩이나 부담스러운데, 열심히 공부했는데도 성적이 떨어졌다면 '해도 안 될 거야' 하는 생각이 들면서 자존감도 공부에 대한 흥미도 떨어지는 것이다.

이때 도움이 될 유용한 심리학 개념이 있다. 메타인지metacognition로, '자신의 인지 과정에 대한 인식'을 의미한다. 전교 1, 2등을 놓치지 않는 공신들을 보면 이해하기가 쉽다. 이 아이들은 머리 좋고 노력도 많이 한다는 공통점이 있지만, 이보다 더 중요한 공통점은 '내가 무엇을 알고 있고 무엇을 모르는지를 아는' 메타인지 능력이 뛰어나다는 것이다. 성적이 떨어진 것에 연연하기보다는 이번 시험을 통해 아는 것과 모르는 것, 애매하게 아는 것을 구분해 그에 맞게 보충한다면 메타인지 능력도 키우고 실력도 향상시킬 수 있다.

유능감이 자기주도 학습의 비결이다

공부를 잘하는 아이들도 공부 때문에 스트레스를 받는다. 하지만 이런 아이들은 '공부는 학생에게 피할 수 없는 의무이고, 이왕 하는 것 즐기면서 하자'라고 생각한다.

아직 어린 아이들이 어떻게 이런 생각을 하게 됐을까?

이런 생각은 자기주도 학습의 효과로, 어릴 때부터 습관이 들었기 때문이다. 자기주도적으로 학습하는 습관은 초등학생 때부터 시작해야 한다. 유능감에서 오는 충족감을 맛보아야 공부가 재미있어지기 때문이다. 아이의 감수성을 자극하는 것은 엄마의 잔소리가 아니라 유능감이다.

학습의 난이도가 크게 어려워지는 초등학교 4학년, 중학교 1학년, 고등학교 1학년에는 아이의 학습 능력과 함께 아이가 감당할 만한 학습 분량을 정확하게 따져보고 아이와 협상해나가는 과정이 필요하다. 자기주도 학습은 아이들도 원한다. 그러나 부모가 자기를 채근할 때보다 믿어줄 때 행동을 개시한다. 자기주도 학습의 성패는 부모와 아이가 '해야 할 공부와 할 수 있는 것'을 얼마나 협상하느냐에 달려 있다.

그리고 TV나 주변 소음이 제거된 차분한 환경, 공부를 시작할 수 있는 편안한 마음, 공부 방법, 이 세 가지가 뒷받침돼야 한다. 입시생이 있는 집에선 가족들이 큰 소리를 내지 않고 집 안을 살금살금 걸어서 다니는 경우가 많은데, 아이가 고3이 되자마자 갑자기 이런 분위기를 만들면 아이가 느끼는 부담이 더 커지고 짜증도 늘어간다. 그런 고초를 겪지 않으려면 조금 미리, 초등학교 저학년 때부터 이런 환경을 만들어주어야 한다. 아이와 협의해서 처음에는 20~30분 정도의 자습 시간 동안 책 10쪽 읽기, 수학 연산 1쪽, 교과서 수학 1쪽 정도를 하게 한다.

엄마 : "수학은 어디까지 하면 될까?"

아이 : "세 페이지는 너무 많고 한 페이지만 풀고 싶어요."

엄마 : "그래, 그렇게 시작해보자."

이때 해야 할 공부를 다이어리에 구체적으로 '수학 연산 1쪽, 책 10페이지 읽기'라 써놓고, 공부를 다 한 뒤에는 스스로 평가하게 한다. 스티커를 활용해서 그날 할 공부를 다 했으면 스티커 2개를 붙이게 하고, 다 못 했을 때는 스티커 1개, 아예 못 한 날에는 스티커가 없는 식으로 다이어리에 표시하면 아이가 성취감도 느끼고 더 재미있어한다. 일주일 단위로 평가해서 잘한 주에는 작은 파티를 해주어도 좋다.

아이가 스스로 평가하듯 부모도 자신을 평가해보자. '아이가 그날 해야 할 공부를 다 못 하고 해맑게 웃어도 화 폭발하지 않기' 등 미션을 정해서 잘 실천했는지를 평가하는 것이다.

첫술에 배부른 경우는 없다. 아이의 공부 진도에 대해서는 처음에만 일일이 확인하고, 체계가 잡히면 중간점검만 하는 식으로 아이와 미리 약속해두는 센스는 기본이다.

6장

도전하고 책임지는
십 대로 키우자

아이의 호기심을
창의력으로 연결하자

석민이는 새로운 것이면 무엇이든 관심을 갖는다. 집에 새로운 전자기기가 들어오면 부모가 설명서를 읽어보기도 전에 "아빠 제가 볼게요"라며 전기밥솥, 휴대폰 할 것 없이 자신이 미리 해봐야 직성이 풀린다. 설명서에 없는 기능까지 해보고 싶어 안달이 날 때도 있는데, 그때마다 아빠는 "너는 엉뚱한 발상이 문제야. 설명서대로만 하라고, 망가뜨리면 어쩌려고 그래?" 하고 야단을 친다.

놀이기구도 안 타본 것을 타고, 음식도 안 먹어본 것에 도전하는 것을 좋아한다. 사소한 것에도 호기심이 많다. 그때마다 엄마는 "너는 왜 그렇게 쓸데없는 데 관심이 많아"라며 야단을 친다. 석민이 입장에서는 자기를 이해 못 하는 부모가 답답하고 서운하다.

석민이처럼 물건, 전자기기, 음식, 놀이기구까지 새로운 것을 보면 해보고 타보고 먹어봐야 직성이 풀리는 아이들이 있다. 호기심이 많은 것이다.

아이가 사소한 자극에도 흥분하고 상상력이 풍부한 건 좋은데 엉뚱해 보일 때도 있어 부모 입장에서는 걱정이다.

호기심이 있어야 발전의 기회가 생긴다

호기심을 타고난 아이가 있고, 나중에 호기심이 발달하는 아이도 있다. 호기심이 없는 아이는 구태의연하게 남이 하는 것만 따라한다. 아이들이 앞으로 살아갈 세상은 변화가 많고 다양한 문화가 함께 어우러질 것이다. 현재 가장 앞서 있고 완벽해 보이는 것도 새로운 것으로 대체될 것이다. 그렇기에 변화에 적응하지 못하고 지금의 삶에 안주하면서 살면 도태될 수밖에 없다.

아이가 최소한 사춘기부터는 자신의 삶을 스스로 설계해나가야 한다. 그러려면 먼저 "나는 누구인가?"라고 자신에 대한 호기심을 가져야 한다. 정체성도 끊임없이 성장하고 변화한다. 자신에 대해 규정짓지 말고 무한한 가능성을 열어두어야 한다. 기본 토대는 있지만 조금씩 진화시켜나가면서 자기 삶을 새롭게 설계해나가야 한다. 그렇지 않으면 남이 시키는 대로, 남이 보여주는 시각으로 살면서 주인이 되지 못하고 노예처럼 살게 된다. 상상력과 아이디어를 거침없는 모험심으로 연결하려면 남들에게 이상하다는 말을 듣는 것을 겁내지 말아야 한다.

석민이 부모는 "아이가 튀는 것도 싫고 그냥 평범하게 살았으면 좋겠어요"라고 말한다. 괜히 호기심이니 뭐니 하면서 학교생활을 제대로 하지 못할까, 정말 해야 할 일에 집중하지 못할까 걱정을 한다. 그러나 공부만 하고 다른 것에 관심을 두지 않는 아이는 상황 변화에 신속하게 대처하지 못한다. 그럭저럭 "잘한다" 소리만 듣고 싶은 아이들은 새로운 것에 관심을 두지 않고 실패할 확률이 낮은, 늘 하던 방식에 머무르고 싶어한다.

새로운 것에 호기심을 갖는 아이들은 겁이 없다. 새로운 것을 시도하면 실수도 하고, 미숙할 수밖에 없다. "그게 도대체 뭐니?"라고 핀잔을 들어도 "처음이라 부족해요. 점점 나아질 거예요. 두고 보세요" 하고 뚝심을 보일 수 있는 아이는 가능성이 있나. 완벽하지 않은 상태를 즐길 수 있는 것, 부족한 상태에서 낙천적이 될 수 있다면 무엇이든 도전할 수 있다.

석민이 같은 아이들을 관찰해보면 사교적이고 늘 즐겁고 상상력이 풍부하다. 많은 것을 가리지 않고 다 받아들이는 모습이 줏대가 없어 보일 수 있고, 언뜻 보면 속이 없고 아무 생각 없이 사는 것 같지만 쾌활하고 모험을 좋아하기 때문에 새로운 시도를 겁내지 않는다.

호기심과 상상력도 습관이다. 아이가 주변의 사소한 것을 보면서 흥분을 감추지 못하고 감정을 격하게 표현한다고 해서 야단치지 말자. 오히려 부모가 아이의 호기심을 배우려고 하면 아이와 친구가 될 수 있다. 아이의 새로운 발상이나 시도에 대해 "우와, 대단한걸! 어떻게 그런 생각을 했어"라고 반응을 해주고 함께 기뻐해주면 부모를 친구처럼 느낀다. 그러면 아이는 어떤 상상을 하든 부끄러워하지 않는다.

부모의 가치관으로만 보면 아이가 이상해 보이고 때로는 위험해보일 수 있다. 호기심은 열린 마음이고, 호기심이 많은 아이들은 개방적인 태도로 세상을 신뢰한다. 세상을 "위험하다. 조심해"라고만 가르치면 아이는 날개를 펴기도 전에 경직되고 주눅이 든다. 무엇을 해도 재미를 못 느끼고 심드렁하다. 그러니 "재미난 생각이네, 한번 해봐"라는 말을 많이 해주자.

호기심은 이미 알고 있는 것도 새롭게 만든다

'해 아래에는 새것이 없다'는 명언이 있다. 새로운 것은 이미 있던 것을 어떻게 다르게 보느냐에 달려 있다. 새로운 시각은 호기심에서 출발한다.

아이가 습득하는 사소한 정보들을 유익하게 쓰려면 어떻게 해야 할까? 호기심을 길러주어야 쓸모없어 보이는 사소한 지식도 새롭게 거듭난다. 호기심은 정보를 단기기억에 가두지 않고 장기기억 장치인 해마로 옮기는 역할을 하기 때문이다. 실제로 그루버 연구팀Gruber, Gelman & Ranganath이 호기심과 두뇌와의 관계를 증명하는 실험을 했다(Neuron 84, 2014. 10). 일차로 호기심 테스트를 한 뒤에 중립적이고 연관성이 없는 얼굴 그림을 보여주고 인지기억 테스트를 한 다음에 기능성 MRI를 이용해서 두뇌 활동을 관찰했더니 보상신경회로와 해마의 상호작용이 증가한 것을 발견했다.

호기심을 생활에 접목하면 아이의 행동을 변화시킬 수 있다. 예를 들어 아이가 공부할 때 흥미를 자극하는 새로운 간식을 먹으면서 즐겁게 공부하도록 해주는 것이다. 박물관이나 미술관에 갈 때 새로운 친구와 가보는 것도 좋다. 호기심을 지식이나 행동과 연결시키면 아이는 더 넓고 새로운 두뇌 저장고를 얻게 될 것이다.

✦ 어떤 도전이든
인정해주자

"배드민턴 산다고 돈 쓴 게 얼만데 또 사?"

배드민턴을 아주 좋아하는 영민이는 라켓을 산 지 몇 달 지나지 않아 또 라켓을 사달라고 엄마를 졸랐고, 엄마는 그런 영민이가 이해되지 않아 잔소리를 했다. 학교 끝나면 배드민턴 친다고 친구들과 몰려 다니고, 집에 오면 자기 방에서 매일 라켓 손질만 하니 걱정이다.

"적당히 좀 해라. 공부는 언제 하려고 그래? 성적은 뚝 떨어지고."

화를 내고 말려도 봤지만 소용이 없다. 보다 못한 아빠가 화가 나 아이의 따귀를 때리고야 말았다. 영민이는 엄마 아빠가 합세해서 자신을 공격하자 억울했는지 소리를 지른다.

"아, 개빡쳐. 배드민턴 하면 스트레스 다 풀린다고! 배드민턴 특기생으로 체고 가면 될 거 아냐!"

엄마는 얌전하던 영민이가 험한 말을 하고 체육고등학교에 가겠다고 하니 기가 막히다.

삽질도 도전이다

영민이 부모님은 배드민턴에 미쳐 있는 영민이가 '쓸데없는 짓'만 하는 것 같아 답답하다고 했다. 운동도 적당히 해야 하는데 그것에만 온통 신경을 쓰니 걱정이고, 운동한다고 아이들과 몰려다니더니 급기야 체고에 가겠다고 하니 당황스럽다는 것이다.

어른 눈에는 불필요한 행동 같아도 아이에게는 의미 있는 것들이 있다. 사춘기는 장래의 꿈을 조금씩 설계해서 목표를 향해 실천하기 시작하는 시기이다. 하지만 스트레스가 있거나 정서적으로 채워지지 않으면 그것을 먼저 해결하려고 한다. 영민이도 흥미와 재밋거리를 찾다가 해결되지 않자 배드민턴으로 부모를 조르는 것일 수도 있다.

그러나 '삽질도 도전'이다. 아무것도 하고 싶은 것이 없는 아이들보다 낫다. '해봐도 소용없다'는 학습된 무기력증이나 '무엇을 해야 할지 몰라' 정체성 혼란에 빠져 있는 아이들이 많은데, 그런 점에서 아이가 두려워하지 않고 무엇이라도 시도하는 것은 참 다행이다. 그것은 도전이고 열정이다. 그렇기에 어른의 눈에는 이해가 되지 않고 서툴러 보여도 '시도한 것'을 잘했다고 칭찬해줄 필요가 있다. 칭찬받은 아이가 도전하기 시작하고 꿈을 키우며 스스로 동기 부여를 하는 수준에 도달할 때까지는 부모가 아이의 마음과 정서를 다치지 않게 신경 써주어야 한다.

부모와 신뢰감이 형성되고 정서적으로 채워지면 아이는 한 가지 일에 몰입하고 꾸준히 노력하는 인내심을 발휘하게 된다. 당장 성과가 없어도 노력이 쌓이면 언젠가는 결과가 드러난다.

모토히로加藤元浩라는 일본 작가가 그린 《큐이디, 증명 종료》(최윤정 역, 2006)라는 추리만화가 있다. 아이 셋이 낚시를 하러 갔다가 물고기가 잡히지 않자 친구들이 물고기가 좀 더 모이는 곳으로 가보자고 한다. 이때 로키가 "서두르지 마, 물고기가 보이시 않기 때문에 있다고 믿는 거야"라고 말한다. 우리는 너무 결과에 조급해하고 보이는 것만 믿고 싶어하는데, 결과에 관계없이 아이가 무언가에 도전하고 있다면 어떤 형태로든 결과가 나올 것이라고 믿어주는 건 어떨까?

아이가 할 일은 '도전'이고, 부모가 할 일은 '보이지 않는 아이의 무한한 가능성을 믿어주는 것'임을 잊지 말자.

사춘기는 눈먼 자식 사랑을 그만둘 때다

부모가 아이의 미래를 정해놓고 그 목표에 빨리 도달하게 하려는 열성은 '캥거루 자녀', '헬리콥터 부모', '인공위성 부모'라는 말을 유행시켰다. 그런 부모들은 일명 '좋은 학군'으로 이사를 가서 아이의 내신 관리와 장래희망까지도 자신이 정해놓은 틀 안에서 관리해야 안심을 한다.

한마디로 '눈먼 자식 사랑'이다. 사랑은 분명하지만 방식이 잘못됐다.

극심한 반항과 자기 마음대로 하려는 성향이 강한 시기의 아이들을 가리키는 말로 '중2병'이 한참 유행이더니 이제 '초4병'이라는 말까지 생겨났다. 예전에는 중2에 사춘기가 시작되었는데 지금은 초4에도 사춘기가 시작되기 때문이다. 공부의 부담이 많아지는 시점 초등학교 4학년 때 아이와 부모의 줄다리기가 시작되고, 그 시기에 생기는 자녀와의 갈등이 중2 때와 같다는 의미다.

'미운 일곱 살' 영유아기의 발달 과업인 자율성과 주도성은 사춘기에 고개를 내밀고 다시 올라온다. 이 시기에 부모가 당근을 주며 "조금만 더 와"라고 이끌어줌으로써 아이가 좀 더 수월하게 꿈에 도달하게 하는 것은 나쁘지 않다. 그러나 부모의 기대가 아이의 수준보다 월등히 높으면 문제가 생긴다.

아이가 따라오며 성과를 내주면 부모는 욕심이 생기기 마련이다. 아이는 처음에는 부모에게 인정받기 위해 참으면서 따라 올 수 있고, 다른 아이들보다 좀 더 빨리 가는 것처럼 느껴져 우쭐해할 수도 있다. 그러나 그것도 딱 중학교 때까지이다. 그다음은 부모의 기대대로 아이가 성과를 내주기도 어렵고, 아이도 순순히 따르지 않는다. 고등학교, 대학교, 직장, 심지어 결혼까지 이끌어준다고 해보자. 목표를 달성하는 것에서 끝나는 것이 아니라, 그곳에서 다시 시작된 경쟁은 인생이 끝날 때까지 반복된다.

많은 부모들이 가정과 국가의 경제가 총체적 난국인 이 시대에서 살아남는 방법은 오직 '스펙'뿐이라고 생각한다. 그래서 아이가 어릴 때부터 눈먼 자식 사랑을 시작하는 것이다. 그런데 내 아이가 좀 더 나은 조건에서 시작해도 언제까지 부모가 다 해줄 수는 없는 노릇이다. 그 많은 난관을 아이 혼자 헤쳐가게 하려면 부모가 대신 해주는 것을 줄여가야 한다. 최소한 사춘기부터는 말이다.

✤ 작은 일탈 정도는
허용하자

"친구들이 내 타투 보고 예쁘다고 했단 말에요!"

소미는 엄마를 향해 소리를 지른다. 엄마 몰래 귀 뒤쪽에 장미 모양의 타투를 했는데 들킨 것이다.

"너 왜 안 하던 행동을 하고 그러니? 학교에서 걸리면 어쩌려고? 아빠도 알면 가만 안 둘 거야. 정말 대책이 없네."

소미는 엄마가 화를 낼 줄은 알았지만, 타투를 이해하지 못하는 엄마가 구닥다리 같고 답답하다.

물이 너무 맑으면 고기가 모이지 않는다

사춘기 아이들이 튀는 행동을 하고 싶을 때 하는 행동 중에 하나가

타투이다. 여자아이들은 예쁘게 보이려고, 남자아이들은 남자답게 보이려고 타투를 한다. 하트나 귀여운 캐릭터부터 시크함이 느껴지는 레터링, 팔찌와 발찌처럼 보이는 실띠 타투까지 종류가 많다. 여름철 물놀이나 축제 때는 드러내지만 평소에는 숨기고 다닌다. 사춘기 아이들이 타투를 하는 이유는 친구들에게 인정받고 싶기 때문이다. 타투를 하고 싶지만 학교나 부모에게 혼날까봐 못 하고, 그 대신 볼펜이나 유성사인펜으로 잔뜩 그리고 다니다가 들키면 지우는 아이들도 있다.

상담실을 찾아왔던 한 아이는 부모가 써준 '사랑한다. 너를 믿는다'라는 문장을 부모의 필체 그대로 손목 안쪽에 타투를 하고 와서는 "이것을 보면 열심히 공부할 수 있을 것 같아서요"라고 말했다. 일탈을 하면서도 부모에게 인정받고 싶어하는 욕구를 느낄 수 있었다. 어떤 아이는 머리를 젖히고 귀 뒤에 있는 하트 타투를 보여주며 "예쁘죠? 엄마한테는 얘기했는데 아빠는 아직 몰라요. 아빠 알면 저 죽어요"라고 말했다. 아이들이 부모에게는 숨기던 얘기도 상담실에 와서는 비밀 없이 말한다. "왜 했어?"라고 비난하거나 "어쩌려구 그러니?"라는 말 대신에 타투를 하게 된 마음을 접점으로 말을 걸기 때문이다.

나의 경우는 타투를 해본 적이 없기 때문에 아이들에게 궁금한 것을 솔직하게 묻는다. "마음에 들어? 그림은 네가 선택한 거야?", "타투를 하면 좋은 게 뭐야?", "학교에서는 괜찮아? 부모님은 아시고?", "예쁘긴 한데, 왜 하필 타투야?" 그러면 아이들은 신나서 얘기한다. 나는 아이들의 일탈행동이나 또래문화를 잘 몰라서 물어보는 것이지만, 그것만으로도 아이들은 인정받는다고 느끼기 때문이다. 처음에는 내 눈치를 살피며 살짝 보여줬다가 감추던 아이도 인정받는다는 확신이 들면 신이 나서 모든 비밀을 털어놓는다. 타투를 한 곳, 가격, 타투이스트가 멋있게 생겼다는 등 할 말 안 할 말 다 한다. 부모에게는 비밀로 해달라는 말을 잊지 않는다. 그리고 마지막에는 이렇게 고백한다.

"사실, 타투 괜히 했나 고민도 돼요. 지우려고 하니까 100만 원이나 든다고 해서 엄마한테 말할까 생각 중이에요."

이런 얘기를 내가 있는 상담실이 아닌 집에서 부모와 함께 할 수 있으면 얼마나 좋을까? 아이들이 느끼는 주목받고 싶고 사랑받고 싶은 마음, 외로움을 부모 중에 한 사람이라도 알아주면 아이는 위험에 빠지지 않을 수 있다. 부모가 아이의 마음을 계속 몰라주면 지금은 타투지만 나중엔 다른 일탈을 할 수도 있다.

부모들은 자녀가 반듯하기를 바란다. 그러나 아이가 반듯하면 또 다른 문제가 생길 수 있다. 깔끔한 성격에 모범생인 아이들은 또래문화를 싫어하고 일탈하는 아이들을 비난하거나 거리를 둔다. 부모는 '다행이다'라고 생각하겠지만, 친구들 사이에서는 꽉 막힌 아이라고 생각되어 은근히 따돌림의 대상이 된다. '물이 너무 맑으면 고기가 모이지 않는다'는 옛말이 있지 않은가. 이런 이유로 반듯했던 아이, 모범생이었던 아이가 일탈에 빠지기도 한다. 집단에 소속되지 않아 느껴지는 소외감이 두렵기 때문이다.

그러니 공부만 하지 말고 주변에서 무슨 일이 일어나는지, 친구들은 무엇을 좋아하는지 알아야 한다. 사춘기에 작은 일탈이라도 해봐야지, 감정과 욕구를 누르면서 살면 명문대에 가더라도 '때늦은 사춘기'를 겪을 수 있다.

사춘기의 작은 일탈은 허용해도 괜찮다

사춘기에 하는 일탈을 무조건 나쁘다고 할 수는 없다. 그 시기에 겪을 것은 겪고 경험하도록 허용해야 한다. 긍정적으로 일탈하도록 하려면 부모가 먼저 마음을 열어야 한다. '해야 한다', '해서는 안 된다'와 같은 당위적 사고를 줄이고 아이 입장에서 생각하는 연습을 하자. 아이의 행복보다 남을 더 의식하면 아이는 자기가 누구인지 모르는 사람으로 자란다.

심리학자 조셉 러프트와 해리 잉햄Joseph Luft & Harry Ingham이 만든 '조해리의 창Johari's window' 이론은 '내가 아는 내 모습'과 '내가 모르는 내 모습'의 차이를 줄이고 진정한 자신의 모습을 찾아가라고 강조한다. 마음속 분노와 불안을 인정받고, 못하는 것과 실수도 받아들여지는 경험을 해야 커서도 스스로를 인정하는 아이가 된다.

아이의 예측할 수 없는 다양한 일탈행동이 부모를 당황하게 할 수도 있다. 그러나 열린 마음만 있으면 그런 행동들을 이해할 수 있을 것이다. 일탈은 창의성이고 자유로움이다. 패션디자이너 샬라얀Hussein Chalayan은 다양성을 실험한 디자이너로 유명하다. 그의 변신 드레스, LED 드레스는 매우 독창적인 작품이다. 그의 독특한 사고를 인정해준 아빠가 있었기에 가능한 일이었다.

아이의 멘토가 되기 위한 부모의 자질은 열린 마음이다. 아이가 부모가 원하는 것과 반대로만 간다고 생각하면 화가 나고 불안하며 '왜 저럴까' 비난하게 된다. 하지만 '아이가 좋아하는 것이나 행동에는 다 이유가 있다'고 생각을 바꾸면 아이의 행동이 이해되면서 장점이 하나둘 보이고 관계도 좋아질 것이다.

✤ 아이에게도
선택의 기회를 주자

"정신 차려, 언제까지 엄마가 너 해달라는 걸 다 해줘야 해?"

엄마는 아이의 말을 다 들어보지도 않고 무시하거나 소리부터 지른다. 아빠도 "엄마한테 사과해. 당장 못 해!" 하고 언성을 높인다. 예전 같으면 무서워하며 벌을 서던 석진이가 이젠 대든다.

"짜증나, 엄마나 사과해."

석진이는 엄마에게 덤비듯이 고함을 친다.

"사과해, 사과하라고!"

아이가 소리를 지르며 엄마를 밀치기도 한다.

엄마 아빠가 함께 야단도 치고 타이르기도 했지만 석진이는 변하지 않는다. 부모는 석진이가 머리도 좋고 성적도 좋으며 과학영재로 인정도 받았지만 성적이 점점 떨어져서 걱정이고, 이러다 패륜아가 되는 것은 아닌지 겁도 난다.

"내가 시키는 대로만 해"

———

과학영재인 석진이는 어릴 적부터 똑똑했다. 고집이 세긴 했지만 순하고 착한 아이였다. 그런데 어느 날부터 반항이 시작되었다. 석진이가 이렇게 된 데는 부모가 아이를 무시하고 폭력적으로 대해온 것이 원인이었다. 아이가 말을 안 들으면 엄마는 아이 말을 무시하고 큰 소리로 욕을 했고, 그때마다 아빠도 반항한다며 엄마에게 사과하라고 야단칠 때가 많았다. "사과해, 엄마한테 잘못했다고 사과해야지, 말 안 들으려면 무릎 꿇고 손들어"라며 석진이의 감정과 생각은 무시했던 것이다.

훈육을 하더라도 아이의 감정을 존중해주는 것이 중요하다. 상담실에서 만난 석진이는 "무시당하는 것도 싫고, 집에 의지할 사람이 하나도 없어요"라며 외로운 마음을 표현했다.

"영재라서 학교에서나 집에서 칭찬은 많이 받았지만 마음은 늘 허전했어요. 아빠와 놀고 싶었는데 아빠는 늘 바쁘고, 엄마한테는 공부하라는 잔소리만 듣고 살았어요. 중1이면 다 컸는데 벌세울 때는 정말 너무한다 싶어요."

선천적으로 고집이 센 아이일 수도 있지만, 감정을 몰라주고 무조건 밀어붙이는 부모로 인해 고집이 더 세지는 경우가 많다. 아이들이 특목고에 못 가서, 명문대에 못 가서, 대기업에 못 들어가서 불행해지는 것이 아니다. "반드시 그곳에 들어가야만 한다"는 강박관념이 아이를 불행하게 만든다. 지금의 자리에서 행복하고 만족할 줄 아는 아이가 성인이 되었을 때 최고는 아니어도 자기 분야에서 제 몫을 하며 행복하게 살아갈 수 있다.

아이들은 처음에는 '나 좀 봐달라'고 관심 끌기를 하다가 계속 외면당하면 화를 내기 시작한다. 화를 내도 부모가 알아듣지 못하면 보복을 한다. 석진이도 본 대로 배운 대로 부모에게 "사과하라", "무릎 꿇으라"고 행패를 부린 것이다.

긍정심리학의 대가 셀리그만Martin (E. P.) Seligman은 '행복이란 즐기워할 줄 알고, 자신이 할 수 있는 일에 몰입하며, 의미 있는 삶을 사는 것'이라고 했다. '아이가 공부를 잘해야 행복해질 수 있다'고 믿는 대한민국 부모들의 신념과는 정반대의 이야기가 아닌가. 그런데 여전히 우리나라에는 '공부를 잘해야 출세한다'는 신념이 바이러스처럼 퍼져 있어 아이들을 성과 중심주의로 내몰고 있다. 열심히 하지 않는다며 야단맞고 비난받은 아이는 참다가 성난 호랑이로 변해버리곤 한다.

부모가 "내가 시키는 대로만 해"라고 지시하고 아이가 따르는 식으로 살면 아이 인생의 주체는 부모가 된다. 그리고 억압당한 아이의 화는 언젠가는 부모를 향해 폭발하게 되어 있다. 그 영향으로 내가 불행한 것은 부모 탓, 화나는 것은 사회 탓으로 돌리며 남 탓을 하게 된다. 마음을 채워야 할 따뜻함, 행복, 만족감이 없으니 아이의 마음엔 공허만 가득하다.

깨지고 터지며 배운다

마음이 비어버린 아이들은 여기저기를 기웃거린다. 예뻐지겠다고 쌍꺼풀 수술 정도는 기본으로 하고, 지방흡입술을 해달라며 부모를 조르는 아이도 있다. 학교 안에서 금지하는 것을 뻔히 알면서 공공연하게 여자 친구와 뽀뽀를 하기도 한다. 아이의 기분을 무시하고 아이의 일거수일투족을 감시하듯 대하면 사춘기 아이들은 이렇듯 걷잡을 수 없이 행동한다. 아이를 객관적으로 보지 못한 채 무리한 기대를 하는 것도 아이들을 힘들게 한다. 반면, 자기가 좋아하는 것을 선택해 노력하는 아이는 행복하다. 행복한 아이는 스스로를 믿기 때문에 적정 수준의 목표를 설정할 줄 안다.

명문대를 나와 각종 고시에 합격하고 대기업을 다니다가 그동안 참았던 감정과 욕구가 터져 나오는 바람에 우울증을 겪고 상담실을 찾는 사람들이 늘어나고 있다.

"회사에서 인정받고 일을 완벽하게 하려고 밤을 새도 끝이 없어요. 더 이상 이렇게 살 자신이 없네요."

나를 찾아왔던 주미 씨도 그랬다. 알코올중독증으로 외국계 회사를 그만두고서야 나를 찾아왔다. 영석 씨도 고층 빌딩에서 뛰어내리고 싶은 충동을 이기지 못해 상담을 요청했다.

"공부만 했어요. 사춘기를 겪을 시간도 없었어요. 싫은 감정이 뭔지, 나쁜 감정이 뭔지 모르고 참기만 했어요. 친구가 경쟁자였고 나는 없었어요. 이제라도 내 감정을 찾으며 살래요."

아이가 잘하니까, 하라는 대로 하니까 더 압박하면서 기대수준을 높이면 끝은 불을 보듯 뻔하다. 아이는 자기가 견딜 수 있는 데까지 로봇처럼 움직이겠지만, 언젠가는 누르고 감춰왔던 감정이 터지고 만다. 치열한 경쟁구조 속에서 경쟁의 대상만 있고 자신이 빠져 있다면 얼마나 삭막할까?

'진정한 경쟁자는 나 자신이다'라는 말처럼 어느 순간이 오면 결국 스스로 해야 할 시기가 오는데, 혼자 해본 적이 없는 아이가 그것을 견뎌낼 힘이 있을까? 스스로 노력해서 얻어야 행복하다. 그러니 아이가 부족해 보여도 기다려주자. 혼자 하면서 실수도 하고 두려움도 느끼며 깨지고 터져봐야 단단해진다.

게임에 빠진 아이일수록
꿈을 찾게 도와주자

"주말에 PC방에 가면 시간이 얼마나 빨리 가는지 몰라요. 정신없이 게임을 하다가 출입 제한시간인 밤 10시가 돼서야 집에 와요. 집에 오면 친구들과 밤새 게임을 해요. 엄마가 '눈이 벌개가지고 그게 뭐야? 방에만 처박혀서 게임만 하냐고 소리 지를 때가 제일 싫어요."

딱 하루 주말에는 제발 내버려뒀으면 좋겠다며 균열이의 하소연은 계속되었다.

"주번이라고 속이고 새벽에 일어나 PC방에 들렀다가 학교에 갈 때도 있어요. 그러다 보니 가끔 지각도 해요. 아직 들키지는 않았는데, 엄마가 알면 저 죽어요."

그렇게 말하면서 균열이는 엄마에게 비밀로 해달라고 부탁했다.

혼내는 것으로는 게임과 멀어지게 할 수 없다

―

"엄마가 못 하게 하니까 더 하는 거라고! 내가 알아서 그만할 거라니 까!"

아이가 되레 성을 낸다.

"그래도 할 말이 있어? 게임만 좋아하면서 잘했다는 거야?"

아이들이 게임 같은 말초적인 자극만 좋아할 것 같지만 꼭 그렇지는 않다. 게임조차도 낮은 레벨보다 높은 레벨에서 아이템을 얻거나 난코스에서 적을 무찔렀을 때 쾌감을 느낀다.

꿈을 갖고 싶지만 찾기가 힘들고, 막연하게 무언가 하고 싶지만 자신이 없어 시작도 하기 전에 포기하면서 방향감각을 상실한 아이일수록 먼 미래보다 지금 달콤함을 주는 게임에 빠져든다. 그러니 무조건 게임을 못 하게 할 것이 아니라 아이가 어떤 게임을 좋아하는지 물어보고, 그것이 왜 재미있는지 이야기하다 보면 아이는 부모와 서로 통하는 느낌을 갖게 된다. 그러면 마음을 터놓고 싶고 자기 얘기를 하고 싶어진다. 그 상태가 되면 훈육을 해도 좋다.

상담을 하면서 균열이의 게임 얘기를 들어주다가 이기고 싶은 욕구, 인정받고 싶은 마음을 공감하기 위한 질문을 했다. "아이템을 많이 모으고 경쟁자를 하나씩 재끼면 그렇게 좋아?" 그러자 "너무 신난다"고 말한다. 마음이 급해도 아이의 욕구가 무엇인지를 이해하고 감정을 수용해주는 것을 먼저 해야 한다. 그다음에 "게임을 얼마나 더 하면 만족할 것 같아?"라고 질문을 했더니 "친구도 없고 외로워서 게임하는 거예요. 가끔 시비를 거는 애들도 있지만, 그렇게라도 안 하면 죽을 것 같아요"라고 속마음을 털어놓기 시작했다.

"조금만 더 하고 안 할 거예요. 시험 때는 정말 안 해야겠어요. 시험도 망치고 속상해요."

게임 때문에 벌어질 일들을 부모만 걱정하는 게 아니라 아이 자신도 걱정하고 허탈해하기는 마찬가지다.

"PC방에 가서 몇 시간이 훌쩍 지나면 허탈해요. 내가 뭐 하고 있나, 생각도 들고요."

할 때는 몰랐는데 하고 나면 공허함을 느끼는 것이다.

"시험 기간에는 시험점수가 바닥으로 나올까봐 불안해요. 이상한 게, 시험 때 게임을 더 해요. 그런 제가 가끔은 한심해요."

시험 때만이라도 게임을 안 하게 하려면 어떻게 도와줘야 할까?

우선, 평소에 불안이라는 감정을 해소해야 한다. 게임이라도 안 하면 친구들이 멀어질까봐 두렵고, 성적 안 나올까봐, 지각한 것을 엄마에게 들킬까봐 불안해지는 것인데, 그런 마음을 게임으로만 풀지 말고 다른 대안을 찾도록 도와주어야 한다.

두 번째 방법은, 한계를 설정해주는 것이다. 아이들이 스트레스를 풀 수 있는 대안이 없는 것도 문제지만, 부모가 적정 한계를 설정해주지 않아 생기는 경우도 많다.

마지막으로, 함께 꿈에 대해 이야기한다. 하고 싶은 것만 해서는 꿈을 이룰 수 없다. 그 과정에서 참아야 할 일도 많고, 스트레스도 있다. 그 사실을 자연스럽게 인정하면 어떤 문제가 생기든 감정의 흔들림이 적고 적응도 빠르다.

"게임 좀 그만해. 게임에 미쳤어. 정신 좀 차려"라고 소리 지른다고 끝날 전쟁이 아니다. 힘든 것, 하기 싫은 것에 대해 의미 부여만 잘해주어도 아이는 솔깃해한다. 공부를 통해 무엇을 얻을 것인지, 하기 싫어도 해야 할 일이 무엇인지 등 아이와 진지한 대화를 해볼 필요가 있다.

날마다 자신을 이겨야 한다

———

한 걸음 더 나아가 부모가 아이의 멘토가 되어주면 더욱 좋다. 그러려면 부모도 아이가 살게 될 미래를 공부해야 한다. 준비된 아이를 만드는 데 현재의 사회 흐름을 어느 정도는 파악해야 할 필요가 있기 때문이다. 공부 자료로 미래를 예견하는 《유엔 미래보고서》를 참고해도 좋다.

《유엔 미래보고서》에 따르면 IT 기술의 발달로 사람이 직접 하는 일들이 서서히 기계로 대체되고 있다. 지금 부모들이 선망하는 의사, 교사, 약사, 판사 등 전문 직종이 점차 사라진다는 전망도 있다. 컴퓨터를 통해 화상으로 처리하는 일들이 많아지면서 재택근무도 증가할 것이다. 평생직장이나 종일근무제full time job라는 말을 미래의 아이들은 모를 수도 있다. 아이들이 학교에서 받은 성적만으로 좋은 직장에 취업하는 것은 어려워졌다. 앞으로 실력을 확인할 수 있는 공인 시험이 더욱 늘어날 것이다.

그러나 미래 사회를 알면 알수록 부모들은 아이의 미래가 걱정된다고들 말한다. 지식과 정보는 이미 극대화되었고, 그마저 인공지능으로 대체되는 시대에서 살아남으려면 어떻게 해야 할까?

50~60년 후에도 할 수 있는 일이 무엇일까 상상해보자. 정보나 지식 뱅크 같은 사람을 원하지는 않을 것이다. 사람만이 할 수 있는 '감정'과 '마음'을 아는 아이들이 살아남지 않을까? 휴대폰이나 자동차를 만들 땐 사람의 마음과 감정까지 담겨야 좋은 제품이 나올 수 있다. 인공지능이 수면제나 우울증 약 같은 처방전을 완벽하게 만들 수는 있지만 잠을 자지 못하고 우울한 감정과 마음이 어디에서 왔는지에 대해 개인, 사회, 환경을 망라해 변수를 찾아내기란 어려울 것이다. 지금 내 아이가 좋아하는 일이 미래에 비전이 있을지는 아직 모르지만, 사람이 살아가는 데 필요한 것이라면 남아 있을 것이다.

인공지능이 대신할 수 없는 것이 바로 '사람'이다. 인공지능이 데이터를 완벽하게 분석해도 부모를 대신할 수 없을 것이고, 사람의 마음을 이해하는 데도 한계가 있을 것이다.

아이가 좋아하는 것을 매일 하다 보면 최고가 될 수는 없어도 행복할 수 있다. 일본 작가인 하루키는 매일 소설을 쓴다고 한다. "소설을 쓰는 것이 마치 인육을 씹어 먹는 것처럼 힘들지만, 하루라도 쓰지 않으면 죽을 정도로 힘들다"는 것이 그의 고백이다. 발레리나 강수진은 열다섯 살의 어린 나이에 모나코 왕립발레학교로 유학을 떠났다. 고독과 싸우며 연습을 거듭한 끝에 결국 최고의 자리에 오른 뒤에도 어김없이 새벽 5시에 일어나 2시간 동안 스트레칭을 했다고 한다.

앞으로 아이가 살아가는 세상은 지금보다 더 빨리 진화할 것이다. 다 됐다고 안주하지 않고 스스로 새로운 것을 찾는 아이, 좋아하는 일을 목표로 계속 노력하는 아이만이 50년 뒤에도 자기 일을 즐겁게 하고 있을 것이다.

✤ 공부와 놀이의
　균형을 잡아주자

"너무 조용해서 문을 열어보니 수건으로 목을 조르고 있었어요. 얼굴색이 시커멓게 변해서는 숨을 헐떡이고 있었죠. 순간 '야, 너 뭐 하는 거야' 하고 소리를 지르고 후다닥 들어가 수건을 빼앗았는데 지금까지 심장이 떨려요. 중2 될 무렵부터 특목고를 목표로 공부했는데, 부담감이 커지면서 요즘 '죽고 싶다'는 말을 가끔 했어요. 학교 가기도 싫다고 하고, 밤에 악몽도 꾸고 잠을 설쳐서 고통스러워했는데, 이렇게까지 할 줄 몰랐어요. 특목고에 안 가도 된다고 아무리 말을 해도 그 말이 들리지 않나 봐요."

목표 수정이 실패를 의미하지 않는다
———

아이를 데리고 부모가 찾아와 울며 도움을 요청했다. 갑작스런 아이의 돌발행동에 부모들은 당황하고 불안해서 아이를 감시하며 사느라 다른 것에 신경을 쓰지 못한다고 했다.

아이들이 극단적인 선택을 하는 것은 더 이상 참을 수 없다는 구조 요청이다. 성적에 대한 강박이 심해지면서 푼 문제를 또 풀어야 답안지를 제출할 수 있고, 손톱을 물어뜯는 버릇까지 생길 정도로 불안이 심하지만 사건이 터지고 나서야 부모들은 "괜찮아, 공부 그렇게까지 안 해도 돼"라고 말을 한다. 하지만 아이들은 그런 부모의 말을 믿지 못한다. 부모가 말은 그렇게 해도 자신에 대한 기대가 여전하다고 믿기 때문이다. 그래서 아이들은 불안하다. 부모의 기대를 저버릴 수도 없고, 놀자니 마음이 불편하다. 마음 편하게 쉬면 낫는 병인데, 부모도 아이도 지금과 다르게 사는 것이 어렵다.

이런 아이들은 공부와 놀이의 균형이 깨진 경우가 대다수다. 공부에 집중할 때만큼은 놀지 못하니 욕구나 감정을 자연스럽게 억누르게 된다. 어릴 때부터 밖에서 뛰놀며 자유롭게 자랐던 아이들은 공부는 좀 못해도 늘 즐겁다. 감정을 억압하지 않아 마음에 쌓인 감정의 응어리도 없다.

현범이는 어릴 때부터 놀 시간이 거의 없었고 공부만 했다. 처음에는 부모의 기대가 부담스러웠지만, 나중에는 부모 생각과 자신의 생각이 분리되지 않았다고 했다.

"부모님이 특목고에 가지 않아도 된다고 하지만 제가 포기가 잘 안 돼요. 그동안 한 게 소용없게 되잖아요."

현범이는 목표를 수정하면 실패한 것 같은 자괴감을 느낀다고 했다. 나는 무슨 말이라도 위로하고 싶어 "목표를 수정하는 것이 꼭 실패를 의미하지는 않아"라고 건넸고, 조금씩 말을 바꾸면서 현범이의 마음을 보듬어주었다.

"특목고에 꼭 가고 싶으면 순위를 조정해보는 것도 방법이 되지 않을까? 아직 1년이나 남았잖아. 네가 버틸 수만 있으면 괜찮고."

그러자 현범이가 감정이 복받쳤는지 갑자기 울음을 터뜨렸다. 엎드려서 한참을 우는 현범이를 지켜보던 엄마 아빠도 "왜 울어?", "네가 하고 싶은 대로 엄마 아빠는 도와줄 건데"라고 말하며 아이를 보듬었다.

부모는 공부로 밀어붙이다가도 아이가 못 하겠다고 반항하거나 예상 못 한 증상을 보이면 비로소 아이가 힘든 것을 알아차리지만, 그러기 전에는 당연한 듯 밀어붙인다. 현범이 부모도 그랬다. 처음에는 "특목고에 가자"고 말했다가 "5순위 안의 학교에 갈 수도 있어. 힘들어도 조금만 더 하자"라고 했고, 아이도 "알았어요. 하면 되죠 뭐"라고 대수롭지 않게 받아들여서 스트레스를 받고 있는지 몰랐다고 한다.

아이가 목표를 위해 쉴 시간도 놀 여유도 없이 살아왔다면 이젠 목표를 수정해야 한다. 공부가 인지 기능을 높이는 것처럼 놀이는 감성을 살아나게 한다. 이 시기에는 부모가 아이의 수준이나 상태에 맞게 세심하게 신경을 써주어야 한다. 공부에 지치면 잠시라도 멈추고 쉬거나 놀게 해주어야 한다.

발달심리학자 에릭슨Erik Erikson은 최소한 사춘기 때는 공부와 놀이가 균형을 이루어야 한다고 했다. 둘의 비율을 5:5까지는 아니더라도 7:3의 비율은 되어야 한다. 공부만 하는 아이에게는 "아이스크림이라도 먹고 하자. 저녁 먹고 다시 하렴"이라는 말로 쉴 수 있게 해주고, 너무 놀기만 하는 아이에게는 "벌써 3시간째 놀았으니 숙제 하고 다시 놀아야 하지 않을까?"라고 많이 놀았음을 환기시켜주어야 한다.

좋은 척, 괜찮은 척, 행복한 척은 부모를 위한 가면이다

현범이는 "그동안 죽어라 공부만 했는데, 하고 싶은 걸 하면 좀 나아질 것 같다"고 말을 했다. "그럼 하고 싶은 게 뭔지 한번 생각해봐"라고 했더니 그다음 상담 시간에 "저 진짜 하고 싶은 것 많았어요. 잊고 있었는데 참 많네요"라며 집에서 만들어온 '버킷리스트 30가지'를 내밀었다.

어떤 날은 상담 끝나고 가면서 "오늘 제가 잘했나요?"라고 물었다. "무슨 말인지 이해가 안 가. 무엇을 잘했냐고?" 질문하면 "여기 와서도 제가 뭔가 해내야 할 것 같다"고 말했다. "마음의 응어리를 풀러 왔는데 무슨 말이야" 했더니 "착한 아이가 억지로 될 필요는 없다 생각하면서도 뭔가 잘하지 않으면 불안해요. 엄마 아빠한테도 지금까지 실망시킨 적이 없었는데, 요즘 제가 잠도 잘 못 자고 걱정 끼쳐드려 죄송해요"라며 말꼬리를 흐렸다.

좋은 척, 괜찮은 척, 행복한 척하는 '착한 아이 콤플렉스'다. 이런 아이들은 사랑받고 인정받고 싶은 마음이 크고 비난을 두려워한다. 하기 싫은 것은 싫다고 말할 수 있고, 싫은 것은 싫다고 느껴야 건강한 아이이다. 좋은 척, 괜찮은 척, 행복한 척 남을 의식하고 살다 보면 자신의 진짜 감정이 무엇인지, 자신이 좋아하는 것이 무엇인지 모르게 된다. 목표와 이상은 높고, 실제 자신의 모습은 초라해서 견딜 수 없어진다.

"그동안 많이 힘들었지? 천천히 가보자"라는 한마디에 아이는 '쉬어도 된다'는 마음을 먹을 수 있다. 현범이에게 가장 먼저 하고 싶은 것이 뭐냐고 묻고 버킷리스트 중에서 하고 싶은 것의 순서를 정해보라 했더니 첫 번째가 '헬스클럽에서 운동해서 근육맨이 되는 것'이었다.

현범이의 버킷리스트

1 운동을 해서 키도 더 크고 싶고, 근육을 만들어 몸짱이 되고 싶다.
2 아이돌 그룹의 콘서트에 가고 싶다.
3 친구들과 놀이공원에서 자유이용권 가지고 실컷 놀고 싶다.
4 음악을 많이 듣고, 노래 작사도 하고 싶다.

버킷리스트를 본 현범이 부모는 깜짝 놀랐다. 공부만 해서 몸짱이 되고 싶다거나 아이돌 그룹을 좋아하는지 몰랐다고 한다.

엄마 : "왜 진작 얘기 안 했어. 음악 듣는 것만 좋아하는 줄 알았는데 작

사도 하고 싶다고?"

현범 : "엄마 아빠 실망시키고 싶지 않아서 말 못 했지. 사실 재미난 것
　　　하고 놀고 싶었어요."

엄마 : "그러면 방학 때라도 친구들하고 놀이공원에 다녀와."

아빠 : "헬스클럽도 보내줄 테니 근육 만들기도 시작해. 아빠도 같이 가
　　　줄게."

아이들은 감정의 응어리가 풀리면 그다음은 자연스럽게 무엇이든
하고 싶은 마음이 생긴다. 몇 번의 상담 후에 현범이 부모를 만났는데,
아이 마음이 많이 풀어져서인지 공부에 대한 강박도 많이 줄어들었다
고 한다. 무엇보다 아이가 행복해한다고 해 마음이 놓였다.

✦ 스스로 책임지는
아이가 더 행복하다

"길을 가면서 스마트폰으로 메시지를 보내다가 앞에 오는 자전거에 부딪힐 뻔 했어요. 그 후로는 길에서 통화는 해도 메시지 보내는 것은 절대 안 해요."

스마트폰 하는 것, 먹는 것, 감정까지도 아이들은 자신도 모르게 선택한다. '뭘 먹을까?', '저 친구를 사귈까 말까?', '주말에 몇 시까지 잘까?', '공부 좀 하고 시험 볼까 대충 볼까?'처럼 선택할 게 한두 가지가 아니다. '엄마에게 화를 낼까 말까?', '오늘 일을 행복하다 느낄까 불행하다 느낄까?' 하는 감정도 선택한다. 감정은 저절로 생긴다고 생각한다면 잘못 알고 있는 것이다.

"아차, 실수"라고 핑계 대지 않게 하려면

—

선택에 대한 책임을 지며 살 수 있는 이유는 기억이라는 것이 있기 때문이다. 어떤 행동을 하다가 위험한 적이 있다면 당분간은 그 행동을 안 하고 조심하게 된다. "떡볶이나 곱창볶음과 같이 매운 음식을 먹으면 스트레스 팍팍 풀려요"라고 말하는 아이도 매운 음식을 먹고 배탈이 자주 나면 다음번에는 '먹을까 말까' 고민하게 된다.

'좋았던 경험은 자주 하고, 혐오스러운 경험은 안 할 것이다', 이렇게 저절로 된다면 뭘 걱정할까? 특별한 자극에 의해 각인된 기억은 장기기억인 해마로 이동해서 오래오래 기억되지만 그 기억들도 시간이 흐르면 잊혀진다.

그렇더라도 "앗, 실수했어요. 다음에 조심할게요"라고 말하며 미루는 것이 습관이 되면 고치기 어렵다. 중요한 것들은 스스로 되뇌이면서 습관을 들이는 수밖에 없다. 행동이 습관이 되면 자신도 모르게 몸이 움직인다. 행동요법에서 많이 하는 방법을 써보자.

숙제를 해놓고 잘 가져가지 않는다면 미리 가방에 넣어두게 한다. 내일 꼭 가져갈 것이 있다면 현관 앞에 미리 갖다놓으면 된다. 냉장고에 물병을 넣어두고 간식을 챙겨놨는데 잊을 것 같으면 "엄마, 내일 챙겨주세요. 혹시 잊을지 몰라서요"라고 말해놓는 것은 아이의 책임이다. 아니면 책상 위 메모지에 '내일 아침에 챙길 것'이라고 크게 써놓고 자는 습관을 길러주는 것도 좋다.

세상을 보는 시각도 책임질 줄 알아야 한다

———

아이들은 공부를 안 하고 게임만 하다 성적이 나쁘게 나오면 '다음부터는 잘해야지' 하고 결심만 하고 공부를 여전히 안 한다. 그런 아이를 지켜보는 부모들은 속이 탄다. 그래서 "그렇게 말해도 모르겠어? 제발 철 좀 들어"라고 말한다. 그러면 아이도 지지 않고 되받아친다.

"엄마는 뭐, 학교 다닐 때 공부도 안 하고 놀았다던데? 외할머니한테 다 들었어요. 아빠는 뭐 평소에 나한테 관심이나 있어요? 놀아주지도 않고 신경도 안 쓰면서."

부모는 이런 아이를 포기할 수 없어 걱정만 한다. "말하는 것 좀 보세요. 제가 속이 안 터지겠어요? 누구 닮아 저러는지 속상해요"라고 말하며 애꿎은 아빠에게 아이의 엄마가 한 방을 크게 날린다.

"좀 일찍 들어와서 공부도 봐주고 놀아주면 어디가 덧나? 밖에서는 사람들에게 그렇게 잘하면서, 집에만 오면 소파에 누워 TV나 보니 애가 뭘 보고 배워?"

아빠는 억울하다며 하소연한다.

"퇴근해서 TV도 맘대로 못 봐? 그리고 놀이공원에도 데리고 가고 놀아줬지, 안 놀아줬나?"

심지어 "아빠 닮아 피부가 안좋다", "엄마 닮아 성격이 나쁘다"라고 불평하는 아이도 있다. 실제로 그럴까? 사실 사람은 자기가 보고 싶은 것만 보는 성향이 있다. 아이가 말하는 아빠의 피부와 엄마의 성격도 다른 면에서 보면 "아빠 피부가 트러블이 자주 나지만 피부색이 밝고 투명하다", "엄마는 소심하지만 배려를 잘한다"와 같이 성격의 전부가 아닌 일부분인 경우가 많다. 보는 방식도 자신의 책임이다. 아이에게 책임감을 길러주려면 부모부터 시각을 바꾸는 연습을 해야 한다. 상담을 하다 보면 아이는 부모 탓을 하고, 부모는 아이 탓을 하다가 티격태격하는 모습을 자주 본다. 집에서 하는 행동이 똑같이 재현되는 것이다.

그러면 우리는 왜 사람의 한 면밖에 보지 못하는 것일까? 그것은 자기가 보고 싶어하는 것만 보려는 이기심이 있기 때문이다. 상대방의 바닥까지 보는 것, 그 사람의 싫은 모습까지 인정하는 것은 고통스러운 일이기에 자신이 감당할 수 있을 정도만 보는 것이다. 좋은 모습으로 포장해 끌어안고 사는 것이다. 이것은 부모가 자녀를 볼 때 흔히 하는 실수다. 자녀도 부모를 객관적으로 보려 하지 않는다. 부정적인 면과 긍정적인 면, 둘 다 보게 하려면 '시각에 대한 책임감'을 길러주어야 한다.

자신의 선택에 대해 책임을 지게 하는 것은 결국 자신을 위하는 길이다. 남 탓을 하는 것은 자신을 보호하기 위한 인간의 본능일 수도 있지만 자신을 보호하기 위해 단점을 보이지 않으려는 태도가 습관이 되면 성장의 가능성이 줄어든다. 책임지는 아이가 되게 하려면 '지금 어떤 감정을 가질까, 어떻게 볼까, 무엇을 할까'부터 스스로 선택하도록 도와주어야 한다.

그리고 부모는 아이의 선택이 아주 위험한 것이 아니라면 지켜봐주어야 한다. 계속 엇나가는지 살펴본 다음에 충고해도 늦지 않다. 그러면 아이는 자신이 선택한 것에 책임을 지게 된다. 자신의 어떤 모습이든 인정하고 책임질 줄 아는 아이는 자신의 목소리, 체형, 식습관, 행동까지도 인정한다.

장점은 장점대로, 단점은 단점대로 스스로 선택하고 책임지면서 얻게 되는 자신감은 아이를 행복하게 만든다. 놀랍게도 부모의 힘을 빌려서 자기가 하고 싶은 것을 다 하는 아이보다 스스로를 책임지는 아이가 더 행복감을 크게 느낀다. 그 사실을 기억하면서 부모로서 다 해주고 싶은 마음을 털어내고 아이가 할 일은 남겨두자.

부록

십대의 작은 사회,
학교 안에서의 폭력
'학폭' 살펴보기

학폭(학교폭력) 하면 어른 사회에서의 범죄 수준의 사건이 아니라 인성이 덜 성숙된 아이들이 학교라는 울타리 안과 밖에서 어울리면서 일어나는 일들이 많다. 그중에는 '아이들이 이런 일을?' 하며 놀랄 만한 일도 있지만, 대부분은 흔하면서도 사소한, 아니 어쩌면 오해에서 벌어지는 경우가 많다. 그러나 학교 현장에서는 학폭을 근절하겠다는 목표를 지향하다 보니 아이들 사이에 사건이 생기면 무조건 '가해자', '피해자'로 구분해 일을 해결하려는 경향이 있다. 그러다 보니 아이들도, 부모들도 상처를 받는 일이 자주 생기고 있다. 이런 현실에서 내 아이에게 학폭 사건이 발생했을 때 아이의 감정을 다치지 않게 해결할 수 있는 방법을 나름대로 제시해본다.

1 누구나 학폭 가해자 부모가 될 수 있다

중학교 1학년 아들을 둔 재석이 엄마는 아침 8시에 담임교사로부터 연락을 받았다. 다른 아이 한 명과 함께 재석이가 학폭 가해자로 지명되었다며 피해자 부모에게 대면사과를 해야 한다는 내용이었다. 사건에 대해 자세히 들어보니, 재석이와 다른 아이가 피해학생이 하지 말라는데도 계속해서 별명을 불러 피해학생이 스트레스로 정신과 치료를 받고 있다며, 사과를 하지 않으면 피해학생 부모가 학폭위에 신고하겠다고 했다는 것이다. 담임교사는 이 문제를 빨리 해결하려면 피해학생의 부모와 직접 통화하는 것도 좋은 방법이라고 했다. 재석이 엄마는 내 아이가 가해학생이라는 말에 가슴이 쿵쾅거려 담임교사의 말이 제대로 들리지 않았다.

학생을 무조건 가해자, 피해자로 구분 짓는 것에 신중해야 한다

학폭 사건의 가해자라는 담임교사의 말에 재석이 엄마는 무조건 재석이를 다그쳤다. 그러자 재석이가 이렇게 말했다.

재석이_"엄마, 남자애들은 서로 별명 부르면서 놀아. 나도 내가 듣기 싫고 부르지 말라는데도 친구들이 자꾸 별명 부르고 그래. 담임선생님도 그런 학급 분위기 알고 있고."

엄마_"그래도 친구가 부르지 말라고 그러면 부르지 말아야지. 친구가 힘들어했다잖아."

재석이_"엄마, 나만 그 애한테 별명 부른 것도 아니고, 반 친구들 서로 다 불렀는데, 나와 ○○만 학폭 가해자로 지목한 이유를 모르겠어. 피해자라는 애가 지목하면 무조건 가해자가 되는 거야? 그리고 담임선생님이 우리한테 사실 관계 물어보지도 않고 우리 둘을 상담실에 무턱대고 가 있으라 해놓고, 반 친구들에게 우리가 그 아이를 어떻게 괴롭혔는지 작성하라고 설문지 돌려 작성하게 했대. 담임선생님부터 우리를 무조건 가해자로 지목하고 친구들한테 뭐라도 종이에 쓰라고 하는데, 나라도 선생님 입맛에 맞게 하나라도 작성해서 쓸 거 같아."

　엄마_"……."

　재석이_"무조건 자기 자식이 피해자라고 하면서 학교에 항의하면 학폭위 열리는 거야? 그러면 엄마도 학교에 전화해서 학폭위 열어 달라 해. 반 친구들이 내가 싫다는데 계속 별명 불러서 나도 짜증 나."

　한 학급의 학생 20여 명이 서로 장난치면서 반 전체가 뒤엉켜 노는 것은 보통이고, 서로 별명 부르며 놀리고 욕하는 애들이 다반사이니 자기도 피해자라는 것이 재석이의 입장이다. 사실 현장의 교사들도 당황스럽기는 마찬가지다. 그러니 피해학생 부모로부터 전화를 받으면 문제를 빨리 해결해야 한다는 압박감에 학생들에게 가해자 혹은 피해자라는 프레임을 씌워 일을 처리하기 쉽다. 결국 양쪽 아이들과 부모 모두 감정적으로 상처를 입게 되는데, 일이 이렇게 되는 이유는 서로 오해를 풀어 화해하는 과정이 생략되었기 때문이다.

내 아이가 다른 아이에게 상처를 줄 수 있다는 사실을 인정한다

일부 부모는 재석이의 경우와 같이 지극히 남자 아이들 사이에서 흔히 있을 수 있는 일이라며 '이런 일까지 학폭에 해당하나?' 하고 의구심을 가질 수 있다. 그러나 언론에 노출되는 극단적인 사건만 학폭이라 불리는 것이 아니다. 아주 사소해 보이는 일이더라도 자신의 인권이 침해받았다고 주장하는 학생이 있으면 학폭 사건으로 접수되는 등 학폭의 범위는 넓다. 오늘날 인권은 개인에게 주어진 가장 기본적인 권리로 여겨지기에 자신의 인권은 물론이고 다른 사람의 인권을 존중하는 법을 가정에서도 학교 안에서도 가르칠 필요가 있다.

재석이 부모 역시 이러한 인권의 중요성을 잘 알고 있기에 재석이에게 "다른 아이들이 다 별명을 부른다 해도 그 친구가 싫어하면 하지 말아야 한다"고 단호히 얘기하며 그 친구에게 사과하게 했다.

재석이의 경우처럼, 학폭 사건이지만 어른 사회의 범죄와 같은 수준의 사건이 아닌 경우가 많다. 그렇더라도 별일 아니라고 치부하기보다는 다른 사람에게 상처를 주는 행위는 옳지 않음을 아이에게 명확히 알려줄 필요는 있다. 하지만 근본 취지에서 벗어나 '학폭가해자·피해자'라는 말이 무분별하게 사용되거나, 인간관계를 배워가는 아이들이 또래 관계를 부정적으로 인식하지 않도록 어른들은 학폭 사건이 생기면 심사숙고해서 사건을 살피고 아이들을 조심해서 다뤄야 한다.

1. 내 아이를 믿고 학폭 상황에 대해 솔직하게 이야기를 나눠보자. 학폭 사건을 풀어나가기 위해서는 아이가 그 상황에 대해 정직하게 진술하게 하는 것이 중요하다. 아이의 허락을 받고 그때 상황을 말하게 해서 녹음하거나 직접 진술서를 쓰게 하는 것도 좋다. 가해한 부분까지 솔직하게 말하다 보면 누가 먼저 시작했는지, 방어하다 생긴 일인지, 의도를 가지고 가해한 것인지가 나온다.

　여기서 가장 중요한 것은 부모가 철저히 자녀를 믿고 돕겠다는 마음을 갖는 것이다. 그러면 아이도 솔직해진다.

2. 사건에 연루된 아이와는 일단 피하도록 해야 한다. 상대 아이가 먼저 장난치더라도 모른 체하거나 거리를 두라고 일러주고, 일주일 단위로 상황을 확인하는 것이 필요하다.

2 학폭 신고, 절반 이상이 부모의 감정 폭발에 의해 이루어진다

은진이는 초등학교 4학년 때 친구들과 싸우는 일이 있었다. 여름방학이 지나고 함께 다니는 4명 중에 짝꿍 1명이 전학을 가고 3명이 남았는데, 2명이 같이 걸어가면 은진이가 뒤에 처져 걷는 식으로 친구들과 금이 가기 시작했다. 밥 먹으러 가서 둘 사이에 앉으려 하면 구석에 앉으라 하고, 나만 모르는 얘기를 둘이 속닥거리면서 '너는 몰라도 되는 일'이라며 놀려댔다. '왜 놀리냐', '왜 나를 싫어하느냐' 물었더니 싫어하는 게 아니라며 딱 잡아떼며 비웃었다.

그런 일이 반복되었는데, 어느 날 두 아이는 은진이가 학교 앞 햄버거집에서 자기들 뒷담화를 했다는 얘기를 아이들에게 들었다며 따지고 들었다. 은진이는 그동안 참았던 감정이 폭발했다. 그래서 '그런 일이 없다'고 외치면서 '존나, 미친…' 하고 자기도 모르게 욕을 했다. 그 애들이 '말 다 했냐'며 은진이의 머리를 잡아당겼고, 은진이는 그 친구들의 손을 뿌리치다 안경이 바닥에 떨어져 안경알이 빠지면서 깨졌다. 은진이가 물어내라고 소리를 지르니 친구들이 '니 잘못인데 왜 물어주냐'고 약을 올렸다. 은진이는 머리를 뜯겨 모멸감을 느꼈고, 그런 일을 당해서 창피하고 화도 났다. 그 일이 있고 나서 그 친구들만 보면 무섭고, 스트레스 때문에 원형 탈모가 2개나 휑하니 생겼다.

은진이 아빠는 자기 딸을 이 지경으로 만든 아이들을 처벌해야 한다고 굳게 마음먹고 상대방 부모에게 병원비와 심리상담 비용 등을 포함한 위자료를 요청했다. 학폭위가 열려 사실 관계를 확인하자 상대방 엄마가 쌍방폭행이라며 반박을 했다. 즉 싸울 때 은진이가 자기 아이를 할퀴어서 피가 나고 멍이 들었다며 사진을 증거물로 제시한 것이다. 은진이 아빠는 당황했지만, 먼저 공격을 당한 건 은진이라는 확신에 분을 삭이지 못하고 학폭위와 함께 법적조치 단계를 밟았다. 그러나 서로 폭행을 했기에 명확한 해결 없이 시간만 흘러 속으로는 일을 너무 키웠나 후회되었다.

요즘 유난히 학폭 사건을 처리하는 과정에서 아이들 싸움이 부모들의 감정 싸움으로 번지는 경우가 많다. 간혹 자기 아이가 당한 일을 맘카페에 올려 의견을 구하는 부모들이 있는데, 댓글을 보면 주변인들이 더 흥분하면서 '그냥 두면 안 된다'는 식으로 부추긴다. 그러다 보니 많은 부모가 상황을 객관적으로 판단하려는 시도보다는 감정적으로 처리하려는 경우가 많다.

학교 안에서 아이들끼리 일어난 싸움을 별일 아닌 것처럼 무조건 양보하라는 것이 아니다. 사건에 따라서는 처벌이 필요할 수 있고, 사과도 요청해야 하는 것은 맞다. 그러나 무엇보다 내 아이의 감정을 다치지 않기 위해서는 처리 과정에서 부모가 평정심을 잃지 않는 것이 중요하다.

학교 안의 사건, 시작은 대화로

"댁의 아이가 내 아이에게 이렇게 폭력을 가했어요"처럼 '너 전달법(You

-message)'을 쓰면 상대방 부모는 더 세게 방어하게 된다. 심지어 부모 사이에 폭력이 발생해 피해학생의 부모가 도리어 법적 조치를 받는 경우도 종종 있다. 이런 일을 방지하려면 감정을 먼저 추스른 다음 "아이 말을 듣고 속상해서 잠이 안 오더라구요"처럼 '나 전달법(I-message)'을 사용해 마음을 표현하는 것이 효과적이다.

그런 다음에 폭행 사건, 물질적·정신적 손실 등에 대해 얘기하는 것이 옳다. 누가 먼저 폭행을 했는지, 신체적 접촉이 있었는지, 시비가 붙게 된 경위 등에 대해 얘기를 들어보는 것이 중요하다.

학폭 사건이 일어나면 해명해야 할 것은 하고, 사과할 일은 사과해야 한다. 합의금을 받아야 할 수도 있고, 안 되면 학교 밖에서 도움을 받아야 할 수도 있다. 공감의 언어를 쓴다고 다 양보하고 학폭이 아닌 것이 되는 것은 아니다.

다만 상대방 아이를 범죄자 취급하면서 시시비비를 따지며 감정적으로 흥분하면 가장 상처받는 것은 아이들이라는 점은 분명히 알아야 한다.

"학폭위에 신고하자. 가만 안 둬."

"경찰서에도 신고 빨리 하고. 변호사 선임하자."

이런 상황이 되면 피해학생조차 가슴이 두근거리고 무서워진다. 부모의 눈치를 살피며 괜히 말했나 고민도 한다. 부모가 아이의 마음을 먼저 다독이고 문제를 합리적으로 해결해나가야 하는데, 부모가 감정을 추스르지 못한 채 문제를 해결하려고 하면 아이의 신뢰를 받지 못하고 문제도 제대로 해결하기 어렵다. 아이들은 친구와의 문제 해결만큼이나 지금의 불안한 마음을 부모가 알아주고 보듬어주기를 원한다. 심지어 '우리 엄마 아빠는 일을 크게 만드는구나!'라는 생각에 이르면 나중에 친구와 갈등을 겪는 일이 생겨도 부모에게는 숨길 수 있다.

청소년들, 대인관계 고민이 커지고 있다

요즘 아이들이 가장 고민하는 것이 성적과 학습이라고 생각하지만, 실상은 그렇지 않다. 한국청소년상담복지개발원이 청소년사이버상담센터를 통한 고민상담 현황을 살펴본 결과, 정신건강(28.8%), 대인관계(21.1%), 학업/진로 고민(14.0%) 순으로 나타났다(한국청소년상담복지개발원, 2022). 우울증, 자살 사고 등 정신건강 문제도 크다. 하지만 그 뒤를 바짝 좇고 있는 것이 대인관계 문제라는 점에 신경을 써야 한다.

대인관계에서는 코로나 이전(2017~2019년)과 코로나 이후(2022~2022년 1분기)의 친구관계의 어려움이 모두 1순위를 차지하고 있다(59.5%, 56.3%). 이성 교제의 고민(18.7%, 17.6%), 교사와의 관계(6.0%, 6.3%), 부모 이외 어른과의 관계(3.6%, 6.7%)가 높은 비율로 상승한 점이 특이점이다.

이는 아이들이 집, 학교, 학원을 다니며 대인관계 기술을 배울 기회가 많지 않다는 것을 시사한다. 세상은 곳곳에 늘 위험이 도사리고 있다. 그렇다고 부모가 늘 아이를 따라다닐 수도 없다. 특히 1980년대에 출생한 밀레니엄 세대 부모들은 자녀의 일이라면 발 벗고 나서서 내 아이가 겪는 어려움이 무엇이든 해결해주려는 생각을 갖고 있지만, 아이들에게 관계 맺는 방식에 대해서는 별로 가르치는 것이 없다. 학습에 우선순위를 두기 때문이다. 그런데 아이들은 사춘기일수록 부모가 자신의 개인 공간이나 일상에 대해 알려고 하는 것을 극히 싫어해 자신을 둘러싼 관계들에서 내밀한 얘기나 고민이 생기면 또래들과 나눈다.

포스트코로나 시기에 다시 대면수업이 시작되면서 어떤 형태로든 대인관계를 아이 스스로 해결해나가야 한다. 그런 아이에게 가르칠 것은 분명하다. 대인관계를 잘하려면 먼저 상대방의 감정을 공감해야 하며, 나만 알아달라고 하거나 내 감정만 중요하다고 생각하면 따돌림의 대상이 되기 쉽다는 것이다.

(TIP) 내 아이가 학폭 피해자가 되면 어떻게 해야 할까?

1. 먼저 아이의 얘기를 들어본다. 따돌림이나 뒷담화의 발생 계기, 신체적 접촉 유무, 시비가 붙게 된 경위, 폭행이 있었다면 누가 먼저 했는지 등에 대해 얘기를 들어보는 것이 중요하다.

2. 담임교사에게 알리고 상대방 아이와 그 부모에게 사과를 받고 합의한다.

3. 합의가 결렬되면 경찰서와 교육청 학폭위(학교폭력대책심의위원회)에 신고할지 결정한다. 피해 사실에 대한 병원 진료서나 육하원칙에 의한 진술서를 꼼꼼히 작성한다. 피해를 입었다는 직접 증거자료를 준비하는데 이메일, SNS, 낙서장, 일기장 등 증거자료가 될 수 있는 것은 모두 챙긴다.

3 사이버 폭력, PTSD(외상 후 스트레스 장애)까지 갈 수 있다

    최근 초등학교 6학년인 은지는 단톡방에서 반 아이들이 단체로 욕하는 '떼카'를 당했다. 단톡방에서 투명인간 취급하며 놀리고 욕하는 식으로 괴롭혀서 단톡방에서 나오면 다시 초대해서 같은 식으로 괴롭히는 '카톡 감옥'에 갇혀서 보낸 고통의 시간이 6개월이 넘는다. 친구들은 은지 얼굴과 동물을 합성하거나, 야한 사진을 캡처해서 보내기도 했다. 그 문자에 답변을 안 하면 20~30장의 사진을 연달아 보냈다.

    그 사실을 알게 된 은지 엄마는 분노에 휩싸였다. 지난 6개월 동안 은지 엄마는 원인을 모른 채 은지만 닦달해왔다. 은지는 아침만 되면 학교에 안 간다고 침대에서 일어나지 않아 실랑이를 벌였고, 카톡 프로필사진이 왜 빈 화면이냐고 물으면 짜증나게 왜 묻느냐며 눈물을 흘리거나 머리를 쥐어뜯으며 소리를 질렀으며, 핀셋으로 팔목을 긁어 자해하려고 했다. 놀란 은지 엄마는 아이를 데리고 상담실을 찾기도 했었다. 아이가 증상을 보인 거의 6개월을 엄마도 눈물로 보낸 것이다.

사이버폭력, 구체적으로 알아야 하는 이유

    '사이버폭력'은 비대면 수업이 많아지면서 증가하는 추세로, 포스트코로나 시대에 유의해야 할 학폭 중의 하나다. 단톡방에서의 따돌림은 음성적으로 이루어지기 때문에 피해자 혼자 그 고통을 당하게 된다.

    은지처럼 아이가 집단따돌림을 당해서 등교 거부, 학습 부진, 자해행동까지

하면 부모는 마음이 무너져내린다. 이처럼 학폭 사건이나 심한 스트레스로 인해 신체적·정서적 고통을 받으면 학교부적응이나 중도탈락과 같은 부정적인 영향이 지속되는 트라우마가 발생할 수 있다. 트라우마를 방치하면 PTSD(외상 후 스트레스 장애)를 겪게 되고 치료 기간도 늘어난다. PTSD는 사건의 기억이 반복되고, 악몽을 꾸며, 그 상황을 회피하거나 부정적인 감정과 인지의 왜곡이 일어나는 증상이 보통 1개월 이상 지속되는 것을 말한다(DSM-5).

사이버폭력은 특히 음성적으로 일어나므로 도와줄 시간이 지체되어 자해/자살의 위험성과 PTSD에 더 취약하다. 대인기피증으로 인해 학교 적응이 어려워지고, 우울 증상을 보일 수 있다. 2021년 9월 1일 현재, 방송통신위원회의 사이버폭력 실태 조사(초등학교 4학년 이상의 초등학생과 중학생, 고등학생 각 3,000명씩, 총 9,000명)를 보면, 사이버폭력으로 괴롭힘을 당한 후 '자해/자살을 하고 싶은 생각이 들었다'는 문항에 대해 '그렇다'와 '매우 그렇다'가 초등학생(12.3%), 중학생(11.4%), 고등학생(14%)의 비율이 10%대를 넘어 상황이 얼마나 심각한지를 말해준다.

실태 조사 결과, 가장 두려워하는 사이버폭력 유형(1~3순위 중복응답)은 사이버명예훼손(초 57.1%, 중 67.8%, 고 64.4%), 신상정보 유출(초 51.2%, 중 54.2%, 고 54.8%), 사이버언어폭력(초 46.8%, 중 42.5%, 고 41.1%), 사이버따돌림(초 39.2%, 중 35.0%, 고 35.3%), 사이버성폭력(초 33.9%, 중 34.9%, 고 36.6%) 순이었다(통계청, 2022).

부모들 중에는 사이버폭력에 대해 피상적으로 알거나 내 자녀와 무관하다고 생각하는 경우가 많다. 하지만 SNS 노출은 IT 세상에서 피할 수 없는 일이므로 사이버폭력에 대해 구체적으로 알고 예방할 필요가 있다. 사이버폭력이란 사이버(인터넷, 스마트폰 등) 공간에서 언어, 문자, 영상 등을 통해 타인에게 피해 혹은 불안감, 불쾌감 등을 주는 행위로 사이버언어폭력, 명예훼손, 스토킹, 성폭력, 신상정보 유출, 따돌림, 갈취, 강요 등이 있다.

가해자도 피해자도 모두 망가질 수 있다

사이버폭력 사건을 겪은 아이의 부모들은 사이버폭력 사건 이전으로 시간을 되돌릴 수 있다면 뭐든 하겠다고 할 정도로 고통이 심하고, 아이의 트라우마는 가족 모두의 아픔이 된다. 사건의 수위가 심하면 학폭 신고와 함께 경찰서에 신고를 동시에 할 수 있다. 형사처벌을 받으면 학폭 가해학생들은 중고생의 경우 소년원에 가거나 보호관찰을 받게 된다. 형사재판에서 민사재판으로 돌려 소송을 계속하기도 한다.

PTSD까지 오면 사이버폭력의 장면들이 끊임없이 재생되는 플래시백 현상이 일어난다. 고통은 극에 달하기 때문에 전학을 가거나 학업을 중도탈락하고 검정고시를 택하는 경우를 많이 봐왔다. 가해학생들의 경우도 녹록치 않다. 상담실에서 만난 학폭 가해학생들 중에는 실제로 중3 때부터 사이버폭력에 연루돼 고2 때까지 소송에 시달리다 학창 시절을 날려버린 경우도 있다.

사이버폭력의 주동자 학생을 상담한 적이 있는데, 이 학생은 자신이 벌인 일의 심각성을 뒤늦게 인지하고 잘못을 깊이 뉘우쳤다. 그리고 반성의 의미로 그 부모가 피해학생의 1년간 심리치료 비용을 지불하고 괴롭히지 않겠다는 약속을 서면으로 해서 겨우 합의를 이끌었다. 그러나 변호사를 만나고 경찰서를 오가는 동안 온 가족의 감정이 피폐해져서 부부갈등이 생기는 등 가족 문제로 이어지기도 했다.

TIP 트라우마에 WET(글쓰기 노출 치료) 기법 사용하자

WET(written exposure therapy, 글쓰기 노출 치료)는 트라우마에 대한 글쓰기 치료법이다. 5회기의 단기로 진행되며, 글쓰기와 느낀 점을 나누게 된다. 학폭 상황을 상기시키는 것은 고통스럽지만, 글쓰기를 통해 트라우마에 대해 재인식하고 부정적인 감정을 해소하게 한다. 각 회기별 기법은 다음과 같다.

- ⊙ **1회기:** 트라우마(예: 외모를 비하하고 따돌리는 상황)에 대한 분노, 불안, 공포 등의 감정과 호흡곤란 등의 생리적 반응에 대해 써본다.
- ⊙ **2회기:** 힘들었던 기억을 떠올리면 생각나는 단어 2~3개를 쓰고, 하나의 문장으로 만들어본다(예: 뒷담화하는 아이들을 생각하면 세상이 온통 먹구름이다.)
- ⊙ **3~5회기:** 글로 표현한 것을 가까운 친구나 부모와 이야기를 나누며 마음속 상처를 풀어낸다.

까칠한 아이 욱하는 엄마

초판 1쇄 인쇄 2023년 2월 15일
초판 1쇄 발행 2023년 2월 20일

지은이 곽소현
펴낸이 조종현
기획편집 정희숙
책임교정 장도영 프로젝트
표지 · 본문 디자인 정종덕

펴낸곳 길위의책
출판등록 제312-25100-2015-000068호 · 2015년 9월 23일
주소 10201)경기도 고양시 일산서구 구산로 69번길 13-37
전화 031-925-3470 팩스 031-925-3471
블로그 https://blog.naver.com/roadonbook
전자우편 swdtp21@hanmail.net

ISBN 979-11-89151-25-6

이 도서의 국립중앙도서관 출판예정도서목록(CIP)은
서지정보유통지원시스템 홈페이지(http://seoji.nl.go.kr)와
국가자료공동목록시스템(http://www.nl.go.kr/kolisnet)에서 이용하실 수 있습니다.
(CIP제어번호 : CIP2020014246)